隨心所欲　手縫皮革雜貨

瑞昇文化

作者序

皮革除具備實用性外，還是流行性非常高、非常迷人的素材，想不想利用這種素
材，隨心所欲地動手縫製皮件作品呢？本書中將以手縫為主，介紹從處理皮革的基
本技巧，到完成精美作品的各項要點，透過各類皮件製作，做最詳盡的解說。期望
相關內容，能讓廣大的初學者以及已有相當製作經驗者作為參考。讀者們中倘若有
人因本書得到啟發，而投入皮件作品製作的世界，將是我莫大榮幸。

鈴木英明

目錄

作者最喜愛的方盒型零錢包，使用皮料、製作方法同p.8的作品，歷經7～8年歲月的淬鍊，皮料變得更柔軟，散發出琥珀色光澤。經常使用、接觸，皮料就會因為手上的油脂或體溫而產生變化，這就是皮件作品最迷人之處。

書套1

單元中詳細解說基本作法，建議初學的讀者們透過這件作品，聚精會神地縫出筆直、漂亮的線條。　► PAGE 34

名片夾

必須經常在初次見面的陌生人面前攤開來，讓人留下好印象的名片夾可為您加分。

書套2

以小皮塊拼接成的作品，使得設計的可能更為寬廣。　►PAGE 56

零錢包

眼鏡盒
為避免損傷鏡片，外側使用硬質皮料，裡側使用絨面革。　►PAGE 71

縫製皮件作品的工具為縫針、縫線以及手縫皮料必備的菱斬。菱斬為手縫前在皮料上斬打縫孔的工具。是否筆直地、間隔均等地打上縫孔將嚴重影響成品的精美程度。縫線過蠟後則能夠達到防起毛、防水等作用。熟悉手縫技巧後，不管多麼狹窄或複雜的形狀都能順利地完成縫合作業。

筆盒

鑰匙包

左上　吊鐘型　安裝雙環金屬配件　►PAGE 61
右上　三摺式方形　安裝4連鉤金屬配件　►PAGE 60
左下　吊鐘型　安裝4連鉤金屬配件　►PAGE 61
右下　三摺式圓形　安裝4連鉤金屬配件　►PAGE 60

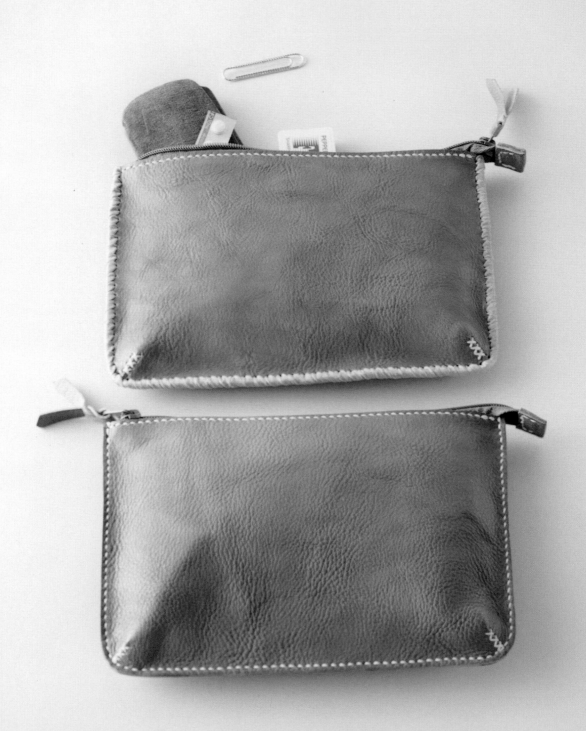

尖褶隨身包

幫大包包做內部分類時最廣泛使用的隨身包。尖褶隨身包是以尖褶部位營造厚度而大幅提昇使用性。

數位相機包
以厚皮料製成厚實硬挺感,充滿高級質感的作品。 ►PAGE 58

手機袋
質地柔軟、線條柔美的手機袋，務必確認自己的手機大小以調整出最適當的尺寸。 ►PAGE 64

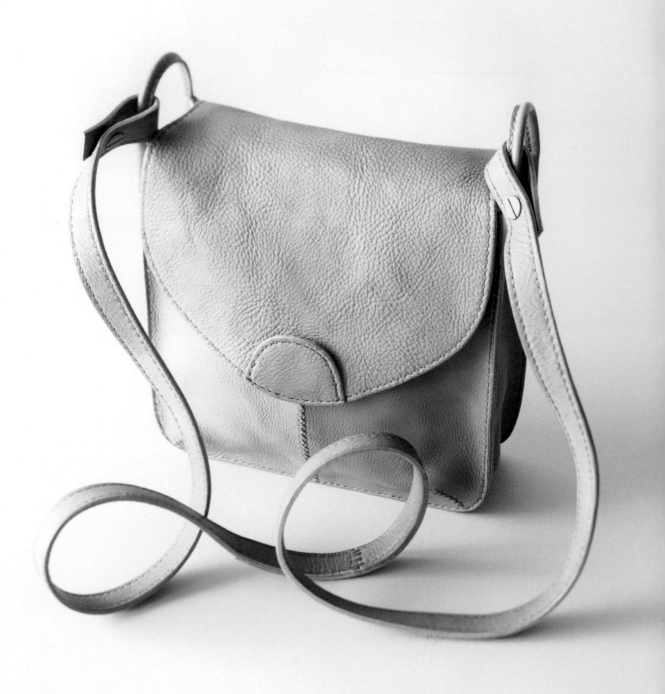

小肩包（加蓋式）

加內裡皮料的小肩包，選用能夠呈現出絕佳柔軟度的方法縫製。　►PAGE 66

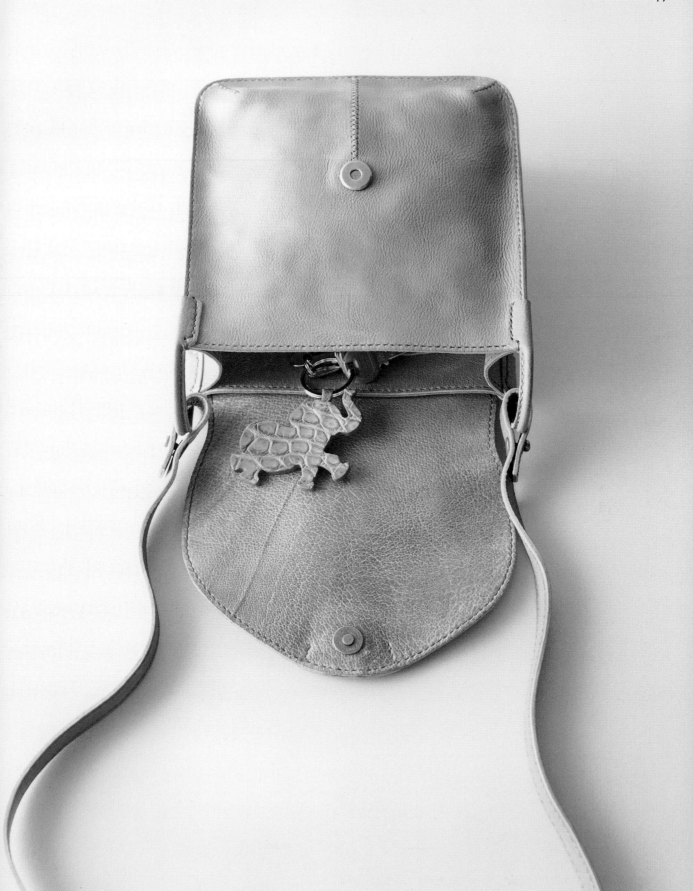

慣用工具。左頁（上）為壓插棒，運用於貼合皮料時用來按壓皮料表面以促使縫合針目更服貼等效果，具備多種用途，市面上買不到喔！必須自己DIY完成。圖中為回收利用橡木材質的鐵鎚柄，削切出最順手的角度或精細度。左頁（下）為裁皮刀，可依自己的手掌大小調整刀柄部位的粗細、長度。圖中裁皮刀因為經常研磨的關係，刀刃部位只剩下原來的一半長度。

22

上 **兩用隨身包** 除當做隨身包外，在後面安裝皮帶環就能當做腰包用。 ▶PAGE 68
下 **流蘇腰包** 製作得非常堅固耐用，最適合活動力旺盛的人使用。 ▶PAGE 73

摩洛哥風室內拖鞋

使用薄皮料的話，家用縫紉機就能車縫，適合室內穿著。上圖為男用和女用。 ►PAGE 78

縱長型托特包
造型、構造都非常簡單,最適合初學者縫製。 ►PAGE 74

橫長型托特包

包底為橢圓形，外型端正大方。 ►PAGE 72

肩背包（加蓋式）

兩天一夜的旅行時使用也綽綽有餘的尺寸。包蓋部位由一整片皮料構成，因此用手將皮料搓揉出柔軟度以增添幾許趣味性。 ►PAGE 69

商務包
精心處理每一個部分，縫製成高雅大方的外型。 ► PAGE 76

How to make ....

慣用工具。小型削皮器是皮革工藝界自古以來相當廣泛用於調整縫份厚度或整面打薄皮料的工具，現在
大多採用機器打薄方式，因此熟練使用的人越來越少。不過，遇到處理機器不容易處理的部位時，皮革
工藝師傅或皮件製作技術純熟的人，還是比較喜歡使用小型削皮器。膠板可使用市售產品，不過，將竹
材或木材削成使用起來非常方便的厚度、寬度，寧願自己DIY製作上膠板的人還是非常多。

○ 本書中使用的皮革和輔助材料

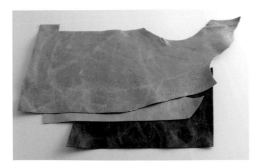

打光豬皮 米黃、薄荷綠、粉紅、黑／厚約1mm
- 製作皮件常用表、裡側（襯裡）皮料
- 經油、蠟成分加工處理過的日本國產植鞣豬皮革
- 特徵為透明亮麗的色澤、手工鞣製效果
- 易處理皮革裁切面，質地輕盈柔韌，最適合縫製皮件作品
- 另有白、深咖啡、紅、橙、酒紅等顏色

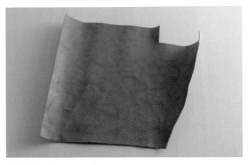

塔卡牛皮 咖啡色／厚約1.5mm
- 製作皮件常用表側皮料
- 運用皺紋加工技巧處理出手工鞣革般柔軟質感的植鞣牛皮革
- 可將皮革裁切面處理得非常漂亮，質地柔軟，易於手縫的皮料
- 另有黑、深咖啡色

里約牛肩皮 咖啡、深咖啡、黑／厚約1.6mm
- 製作皮件常用表側皮料
- 運用透染技巧促使皮料吸入油脂成分後完成的植鞣牛皮革
- 適合裁切面加工，充滿高級質感的義大利製皮革
- 肩部皮革，因此以自然的虎斑紋路為特徵
（註）虎斑紋路：皮料染色後動物生前的皺痕等浮出表面而形成的紋路。

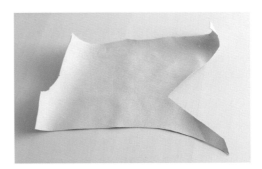

綿羊皮（白羊皮） 象牙色／厚約0.6mm
- 縫製p.23摩洛哥風室內拖鞋鞋墊部位的皮料
- 皮件的裡側皮料
- 製作高級皮包常用表、裡側皮料
- 顏色多達12種

豬絨面革 米黃色／厚約0.7mm
- 縫製p.9眼鏡盒的裡側皮料
- 觸感柔軟，適合縫製皮衣或製作皮件常用表、裡側皮料
- 顏色多達30種

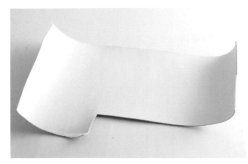

德國鞣革 原色／厚約1.5mm
- 製作皮件常用表側皮料
- 皮面層細緻平滑，放入PIT槽中以傳統植鞣革處理法完成的頂級牛皮革
- 越使用越順手且漸漸地轉變成琥珀色
- 散發天然皮革風味

內襯皮料 厚0.6mm
- 常用襯料，薄、軟的表側皮料希望處理得更硬挺或需補強時使用。

○ 主要的縫製術語和基礎作業

表側和裡側、皮面層和肉面層

皮面層＝皮革表側
肉面層＝皮革裡側
製作皮革小物或皮包時，必須隨時意識著表側和裡側。手縫時的打孔側、車縫時的入針側為皮革表側。
皮包本體和包襠的關係也一樣，處理時應以本體側為表側，包襠側為裡側。就皮包整體而言，手提時靠近身體側，亦即後片包身部位為裡側。安裝四合釦或固定釦時，原則上必須利用圓斬，由表側斬打釦孔。

裁切面

皮革的裁斷面或裁切口。邊緣線也稱裁切面（Coba）。

打薄裁切面

手縫前貼合2片皮料等狀況下，把即將黏貼的肉面層邊緣處理成原有厚度的1/2～2/3的打薄作業（參考p.36書套單元中的示意圖）。打薄裁切面即可為貼合部位增添圓潤度，將作品處理得更精美。

處理裁切面

塗抹床面處理劑或CMC後，處理劑乾掉之前，利用指尖、壓擦棒或玻璃板，將裁切面打磨得更平滑，事先經400號左右的耐水性砂紙打磨效果更好。先以床面處理劑打磨裁切面，再塗抹裁切面著色劑以潤飾裁切面，採用這種處理方式也OK（p.9眼鏡盒、p.27商務包）。

處理肉面層

不加裡側皮料，只以表側皮料縫製皮件作品時，將原本為粗糙面的肉面層打磨成平滑面的處理作業，不過，只有處理會吸收床面處理劑的植鞣革時才能處理肉面層喔！處理方式和處理裁切面時大同小異，整個肉面層上多塗抹一些處理劑，促使皮料吸收後，處理劑乾掉之前，利用玻璃板打磨，徹底地消除肉面層的起絨現象，將皮料表面處理得更平滑。

磨粗

為提昇膠料滲透效果而利用砂紙等磨粗皮料表面之作業。

黏貼、貼合

2片皮料上薄薄地塗抹皮革專用膠，陰乾膠料後壓黏，可大致分成只黏貼邊緣的「浮貼式」和全面塗抹膠料的「緊密貼合式」。縫製軟包時可採用浮貼式，製作硬包時宜採用緊密貼合式。

拉線

利用邊線器（參考p.32「必要工具、材料」），距離皮料裁切面2～3mm拉一條溝狀線條以作為畫線或打孔基準線的處理作業。

拉裝飾線

在不手縫或不滾邊的部位拉一條線（不做為基準線），只具備裝飾效果的溝狀線條，可將作品修飾得更漂亮。其次，黏貼裡側皮料後，拉裝飾線還具備促使皮料緊密黏合的補強作用，通常利用邊線器，距離裁切面1～2mm拉一條裝飾線。

打孔

皮料上拉好一定寬度的溝狀線條後，利用菱斬，等距離打上手縫孔的處理作業，通常由皮面層或表側打孔。

手縫

手縫線確實過蠟後才穿上縫針。
基本上，1條線穿上2根針，再一針一針地依序完成手縫作業，採用的是穿在1條縫線上的2根縫針分別從皮料表側和裡側穿過同一個縫孔2回的縫法，表、裡側針目幾乎為相同形狀，而且縫上非常牢固的針目。

處理線頭

線頭部位點上膠料後壓入縫孔就不會顯得太醒目。疊縫2～3針，再塗抹乾後呈透明狀的100號白膠或木工專用膠即可避免線頭鬆脫，然後以推輪用力地滾壓縫合終點的線頭表、裡側，既可壓住縫線，又可將針目處理得更小，完成更精緻的作品。

製作紙型和裁切皮料

製作皮革小物或皮包的紙型時務必加上縫份（黏貼份）。本書中介紹的作品都附帶原尺寸紙型，紙型中記載尺寸皆包括縫份。先利用間距輪或Chalk Paper等紙型專用紙（紙質稍硬的繪圖紙或白楞紙）描好作品的原尺寸紙型再裁切。先將裁好的紙型擺在皮面層上，再利用銀筆等沿著紙型做好記號後裁切皮料。

金屬配件上黏貼皮墊片

安裝磁釦或四合釦後，必須黏貼皮墊片以避免一定會出現在肉面層側的配件固定片刮傷皮料。建議使用比較不會形成厚度的薄皮料，裁剪成直徑大於配件固定片約5mm～1cm的圓形或修掉四角的方形皮塊。

○ 必要工具、材料

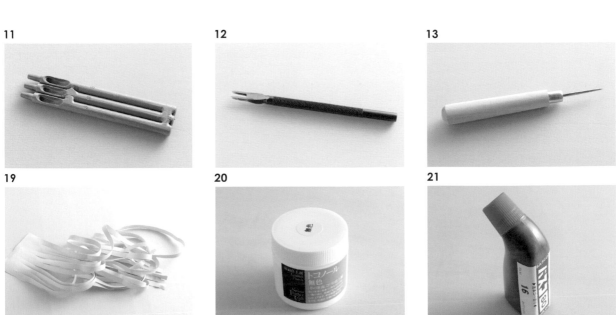

裁切等處理作業中使用

1 塑膠板（簡稱「膠板」） 專用於裁切皮料的平台。

2 橡膠板 以菱斬、圓斬打孔或雕刻圖案等斬打作業專用平台。

3 木槌 斬打菱形孔、圓孔、雕花等狀況下使用的槌具。

4 L型規尺 金屬材質的寬版直角尺規。將裁皮刀或美工刀靠在曲尺邊緣直接裁斷皮料。

5 裁皮刀 特徵為單刃，主要用於裁切薄皮料、鉻鞣革軟皮料或打薄皮料。

6 銀筆 內裝銀色水性膠狀墨水的筆具。在具光澤的皮料上做記號的便利工具。

黏貼作業中使用

7 皮革專用強力膠（揮發性）和上膠片 兩個黏貼面分別薄薄地塗抹膠料，陰乾膠料後貼合，再以推輪等用力地壓黏，可能因黏貼部位關係而只塗抹其中一面。本書中記載為「皮革專用膠」。上膠片則是往皮料上薄薄地塗抹膠料時使用，亦可依用途區分使用豬毛刷或油畫專用平頭畫筆。

8 木工專用白膠（含氯、水性）或600號白膠 乾燥後呈無色透明狀，適合用於處理接線處或比較顯眼的部位，除用於處理線頭外，必須薄薄地塗抹兩面，趁膠料乾燥前貼合，然後壓黏片刻。

9 推輪 用力地滾壓以促使塗抹膠料後貼合的皮料更緊密地黏合。滾壓手縫針目以促使縫線更服貼皮料表面等加工作業中也經常使用。

打孔作業中使用

10 圓斬 斬打固定釦、四合釦或環釦等金屬配件時使用，有各種尺寸（直徑0.6～30mm）可供選擇。

11 三圓斬（間距約8mm） 以皮面層羊皮繩（寬8mm）或牛皮繩（寬3mm）等滾縫作品時的打孔工具，打孔直徑分別為1.5、1.8、2.1、2.4mm。

12 雙菱斬、三菱斬（孔洞間距為4mm） 等距離斬打手縫孔的工具，其他如1、4、6根刀刃的菱斬，單菱斬或雙菱斬常用於斬打曲線部位的孔洞，另有間距為3mm、5mm、6mm的菱斬可供選擇，必須依據縫線粗細度或皮革厚度等區分使用，以皮繩滾邊時亦可使用。

13 圓錐 斬打菱形孔後，手縫作業中用於擴大孔洞好讓手縫針更順利穿過縫孔，或做記號、細膩作業時的輔助工具。

14 菱錐 不方便使用菱斬的部位以菱錐鑽上孔洞。

15 邊線器 拉線以斬打手縫孔或拉裝飾線時使用，轉動螺絲即可調整間距。

手縫作業中使用

16 皮革專用手縫針 相較於縫布料的一般縫針，更粗、更長，更不易折斷。為避免戳傷皮料，建議選用針尖經過磨圓加工的縫針（圓針），請依據縫線粗細度選用細針或粗針。

17 皮革專用手縫線（S-CORD 20號苧麻線） 縫製皮件時以麻線為主，可分為細線（30號）、中細線（20號）、粗線（16號），顏色有黑、深咖啡、咖啡、米黃、酒紅、白色可供選擇，白色線還可染色。縫線必須過蠟後使用。

18 蜜蠟 可將縫線處理成更潤滑、更易於縫製的狀態，除可防止起毛以提升縫線韌度外，還具備防水以保護縫線等作用。

19 皮繩 將牛、鹿、羊等動物皮革裁切成細條狀，有各種寬度、厚度、顏色可供選用，必須依用途、造型區分使用。照片中為厚0.3mm、寬8mmx75cm的皮面層羊皮繩。

最後修飾作業中使用

20 裁切面處理劑、床面處理劑 可大致分為可直接使用的床面處理劑和需以熱水溶解後使用的CMC。用於抑制裁切面或肉面層的起絨現象，處理劑半乾狀態下打磨即可處理得更平滑。

21 裁切面著色處理劑 用於修飾皮革裁切面，具防水效果。裁切皮料後先塗抹裁切面處理劑，處理過後才厚塗著色處理劑並充分乾燥。顏色以黑、咖啡色為主，另有可用於搭配縫線顏色的著色處理劑。

22 棉花棒、廢布塊 擦拭狹小部位的汙垢等狀況下使用，手邊備有更方便。使用廢布塊時建議選用觸感平滑的棉布。

膠料清潔劑 用於擦除附著在手或皮料上的膠料，亦可用於清除絨面革或皮面層起絨等皮料上的汙垢。

油蠟 具保護、潤澤皮料作用，適用於植鞣革。縫製前薄薄地塗抹在皮料上即可有效防止作業過程中沾染汙垢。

砂紙 選用耐水性砂紙更好用，用於打磨經過表面加工的皮面層以提昇膠料的黏貼效果（120、240號），亦可用於打磨裁切面（400、600號）。

金屬配件安裝作業中使用

往皮料上安裝四合釦或固定釦等狀況下使用的釦斬和環狀台，有不同的類型、直徑等，需依據即將安裝的金屬配件選用，請參考 p.44。

金屬配件類

除以下照片中列舉的金屬配件外，還包括活動鉤（p.16）、四合釦（p.44），大部分配件都有不同的設計造型、尺寸、顏色可供選購。

雙環（N）　　　方形環（B）

造型固定釦（B）

原子釦（AT）

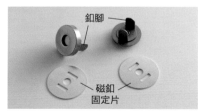

釦腳

磁釦
固定片

磁釦（AT）

四連鉤鑰匙包配件（G、N）

N=鎳、G=金、B=古銅、AT=古典金（Antique Gold）電鍍色之縮寫。

◯ **書套 1**（袖珍本尺寸。厚度約2cm） ►PAGE 4, 5

★成品尺寸（闔上書本之尺寸）
　約寬12×長17×厚1cm
★材料和用量　p.4 里約牛肩皮（厚1.6mm）
　p.5 打光豬皮（厚1mm）約7 DC

書套為平面結構，同時也是縫製大小適中，匯集著皮革小物或皮包基本製作技巧的作品。本單元中對於製作步驟或相關要點都有相當詳盡的解說，因此建議想要從事皮革工藝的新鮮人們透過本作品學會皮革的處理方式、工具用法或皮料的特有處理技巧。

❶ 製作紙型

要點 以厚磅繪圖紙（135kg）較適合用於裁製紙型，使用這種紙張，連裁製左右對稱的曲線等部位都很方便，亦可廢物利用紙質較硬的月曆紙張。

1

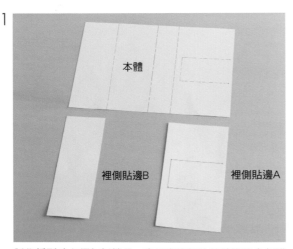

本體

裡側貼邊B　　　　　裡側貼邊A

製作紙型時必須包括縫份。畫好書籤部位的線條後拿起錐子往四個角上各戳一個小孔。

❷ 裁切皮料

要點 以3B左右的鉛筆或銀筆做記號，出現畫錯記號等情形時，清除記號後，皮料上依然會留下溝狀痕跡，建議養成輕輕畫線的習慣。

2

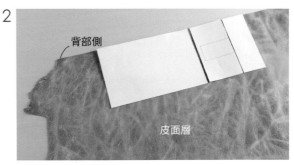

背部側

皮面層

將3張紙型並排在背部皮料的皮面層上，避開孔洞或刮傷處，皮革的延展率各不相同，因此建議集中於背部取料。

3

描畫裁切線。一手壓住紙型，另一手沿著輪廓畫線。圖中使用銀筆。

4

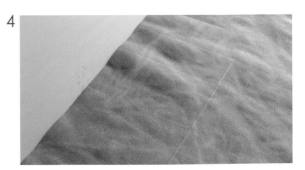

做好記號後狀態。銀筆輕輕地、順順地劃過，畫錯記號時，趁墨水乾掉前，利用濕布或棉花棒即可擦除，使用起來非常方便。

5

使用裁皮刀裁切皮料。裁皮刀和裁切面垂直或形成某個角
度即可裁切皮料。皮料底下鋪墊塑膠板，擺好規尺後用力
壓住，裁切起點需要用點力氣。留意裁皮刀的握法。

9

切口尾端分別打上圓孔（共打2孔）以防切口裁開後繼續
裂開。先將皮料擺在橡膠板上，再將直徑約2mm的圓斬
抵在皮料上，敲下木槌即可打上孔洞。

6

裁切終點也必須用力地壓切。

10

以銀筆做記號標出書籤的切口位置。

7

組成書套的3塊皮料裁切後狀態。

11

利用裁皮刀裁切書籤部位。緊緊地壓住圓孔、邊角部位，
需避免超出裁切範圍等情形之發生。

❸ 在裡側貼邊皮料A上裁製書籤

8

將紙型疊在裡側貼邊皮料A上，再以銀筆點上4點，標好
書籤的位置。

12

完成書籤部分。利用沾濕的棉棒將銀筆記號擦乾淨。

❸ 黏貼

要點 基本上，需使用皮革專用膠。利用上膠片，將膠料薄薄地塗抹在即將貼合的2片皮料的肉面層上，上膠片用力地壓向皮料以促使皮料吸收膠料。靜置約5分鐘，等膠料乾到不再黏手時才貼合皮料，然後利用推輪用力地滾壓。皮革專用膠乾了之後才貼合皮料，即可更迅速確實地發揮黏貼效果。

把即將黏貼在本體上的裡側貼邊皮料A、B的3邊打薄成原有厚度的1/2。如照片握住裁皮刀，打薄成下圖中狀態。

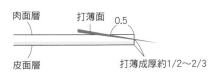

13

貼合本體和裡側貼邊的皮料，先將裡側貼邊擺在本體上，再以鉛筆做記號，標好4個固定裡側貼邊A、B的位置。

14

拿銀筆在本體、裡側貼邊皮料A和B的肉面層上畫線標好5mm的黏貼份。黏貼份寬度不正確的話，做好的書套可能無法套在書本上，因此務必精準拿捏。

17

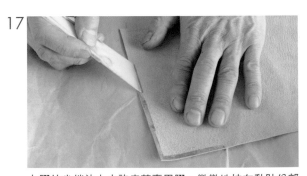

上膠片尖端沾上少許皮革專用膠，微微地抹在黏貼份部位，本體、裡側貼邊的皮料上都均勻地塗抹。

15

以指尖沾取床面處理劑，塗抹裸露在外的裡側貼邊皮料的裁切面（書本的插入口），妥為處理裁切面。

18

用力按壓以便將裡側貼邊牢牢地貼在本體皮料上。

19

用力地滾壓或以鐵鎚敲打皮料以促使緊密黏合。

20

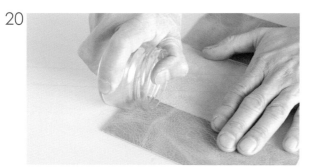

亦可利用瓶子等方便用力滾壓皮料的物品取代推輪。

❻ 打上手縫孔

要點 握菱斬的手必須垂直壓在皮料上，用力敲打木槌的那一瞬間手不能晃動，留意這些注意事項即可打上筆直漂亮的縫孔。

21

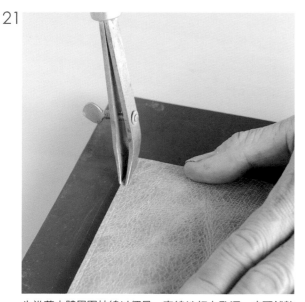

先沿著本體周圍拉線以便呈一直線地打上孔洞。底下鋪墊橡膠板，再將邊線器兩腳距離調整為3mm，必須從本體側拉線一整圈。

22

皮料底下鋪墊橡膠板，由本體側斬打孔洞。4菱斬垂直擺放，用力地壓向皮料，以木槌敲打菱斬頭部以便筆直地打上縫孔。縫孔打得好不好嚴重關係到作品的精美程度，從肉面層的側邊就能看出該結果，因此建議打孔過程中最好隨時檢查。

23

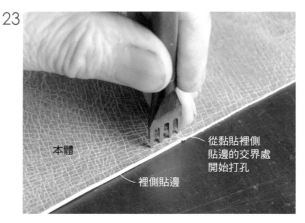

本體

從黏貼裡側貼邊的交界處開始打孔

裡側貼邊

往本體側邊緣斬打孔洞，從黏貼裡側貼邊皮料的交界處開始打孔，以便於手縫後牢牢地固定住裡側貼邊，然後以相同要領處理其他3處固定裡側貼邊的孔洞。

24

使用4菱斬，一次就能打上4個縫孔，接著斬打孔洞時，重疊先前的1個孔洞，既可確保間隔，又可更有效率地完成打孔作業。不過，固定裡側貼邊位置必須如步驟23之說明，不能移動孔洞位置，因此必須從稍微前面一點的部位開始微調孔洞的間隔以免顯得太突兀。

❶ 準備縫針和縫線

25

使用20號麻線和皮革專用手縫針（圓針、細）。依必要長度（約本體周長的4倍）剪下一段縫線後過蠟，大量塗蠟3～4回，塗到幾乎會黏手。

26

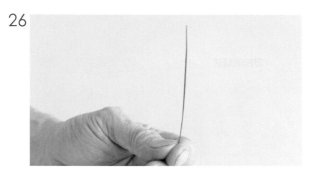

以縫線可直立起來為過蠟之大致基準，過蠟後既可防止起毛，還可將縫線處理得更有韌性。

27

以針尖戳穿縫線

縫線先穿過針孔

先將縫線剪成最方便使用的長度（最長為雙手張開的長度），再穿過針孔後以針尖戳穿距離線頭10cm處。

28

針尖再次戳穿距離線頭約8cm處。

29

將戳在針上的縫線移動到針孔部位。

30

將線頭往後拉好讓戳針處通過針孔部位。

31

將線頭拉到底，針尖總共戳穿縫線2處，因此縫合過程中縫線不會輕易地脫離針孔。

32

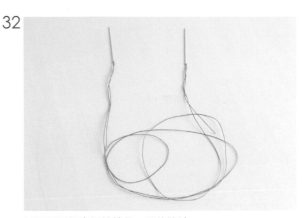

以相同要領穿好縫線另一頭的縫針。

❸ 以雙針縫法完成手縫作業

33

裡側貼邊（皮面層）
縫針ⓐ
本體（肉面層）

採用雙針縫法，從打孔起點部位開始縫合。縫針ⓐ從本體側插入裡側貼邊的第2孔（縫孔2），再從裡側貼邊側穿出（圖❶）後，將兩側縫線調整為相同長度。縫針ⓐ插入縫孔3（照片）後穿向本體側（圖❷）。

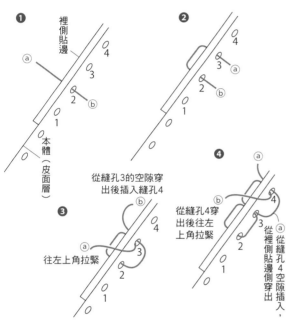

❶
裡側貼邊
ⓐ
4
3
2 ⓑ
1
本體（皮面層）

❷
4
3 ⓐ
2 ⓑ
1

❸
從縫孔3的空隙穿出後插入縫孔4
ⓑ
4
ⓐ
3
2
1
往左上角拉緊

❹
ⓐ
4
ⓑ
3 ⓐ 從縫孔4空隙插入，從裡側貼邊側穿出
2
1
從縫孔4穿出後往左上角拉緊

34

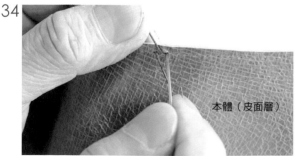

本體（皮面層）

縫針ⓐ從本體第3孔穿向本體側後，往左上角拉緊縫線，縫孔右側就會出現空隙，如此一來，從第2孔穿出的縫針ⓑ就能透過該空隙順利穿過縫孔（圖❸）。縫針從本體側穿向裡側貼邊後都加上這個處理步驟，就能往相同方向縫出整齊漂亮的針目。

※針線穿向肉面層（裡側貼邊）後隨即穿過行進方向的下一個縫孔，穿向皮面層（本體）後就往左上角拉緊縫線，反覆上述縫製動作（圖❹）。

※縫針穿過縫孔時一定要很小心，不能戳到縫孔中的線喔！

35

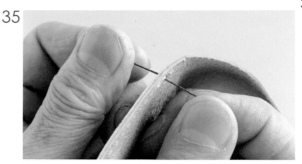

雙手用力地拉緊穿向兩側的每一條縫線就能縫出更整齊漂亮的針目。

36

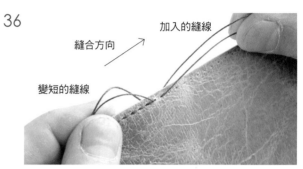

縫合方向
加入的縫線
變短的縫線

縫合過程中縫線變短（約10cm）時必須加入縫線。如同縫合起點，準備一條縫線，兩端穿上縫針，再將縫針穿過從本體側看位於行進方向右邊的下一個縫孔。

37

新加入的縫線往前縫2針，變短的2條縫線分別縫1針。

38

縫線變短的縫針先穿向本體側，再從左側的針目底下穿過。

39

將同一根縫線插入先前穿出縫線的孔洞，穿向裡側貼邊側，然後將兩條變短的縫線纏在一起。

40

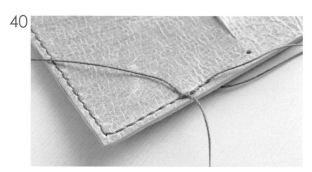

變短的2條縫線穿向裡側貼邊側後的狀態。

41

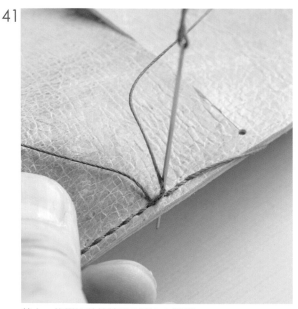

其中一條變短的縫線再次穿向本體側。

42

貼近根部剪斷已經變短的2條縫線。

43

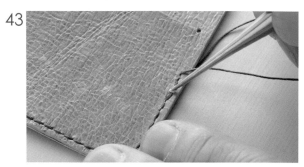

利用尖端沾上白膠的錐子將線頭塞入縫孔。

44

本體

縫一整圈，縫到裡側貼邊的第1孔（縫孔1）後，將本體側的縫針ⓐ從縫合起點的第2孔穿向裡側貼邊側，再將縫針ⓑ從相同的孔洞（縫孔2）穿向本體側。

45

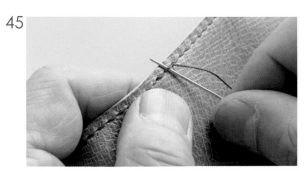

穿向本體側的縫針ⓑ先從左側的針目底下穿過，再透過縫孔1，從本體和裡側貼邊皮料之間穿過。

46

將裡側貼邊上的縫針ⓐ插入先前穿出縫線的縫孔2，從本體和裡側貼邊皮料之間穿向裡側。

47

2條縫線都留下約1cm後剪斷。

49

擺在橡膠板上，利用推輪，從本體側將縫合針目滾壓得更服貼。

48

錐子尖端沾上白膠，將線頭塞入裡側貼邊內側的縫合針目。

50

完成縫合作業後，以手指沾取床面處理劑，塗抹書套四周的裁切面。塗抹1回就用手指搓揉至半乾以打磨出光澤。事先準備濕潤布塊，處理劑溢出時立即擦乾淨。

○ 名片夾（雙插式）▸ PAGE 6

★ 成品尺寸
　約長11.5×寬7×厚0.5cm
★ 材料和用量
　打光豬皮（厚1mm）
　薄荷線 約2.5DC
　米黃色、皮面層羊皮繩
　（寬8mm）各適量

由外側皮料2片（本體前、後片 薄荷綠）和中間隔層皮料1片（米黃色）構成（參考斷面圖）。

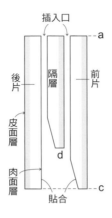

❶ 處理裁切面，拉裝飾線

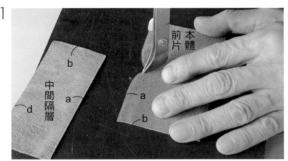

處理本體前、後片和中間隔層皮料的插入口a部位的裁切面，距離插入口邊緣1～2mm，3片皮料都從皮面層側拉好裝飾線。

❷ 打薄裁切面

「本體前片的b、c（底）」、「中間隔層的b、d」、「本體後片的b」部位分別打薄。傾斜裁皮刀，b、c約打薄成1/2，d約打薄成1/3厚度。
※打薄中間隔層d是為了避免本體前片形成高低差。

❸ 黏貼

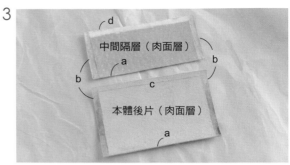

本體後片、中間隔層兩側的b部位肉面層塗抹皮革專用膠寬約5mm後陰乾。

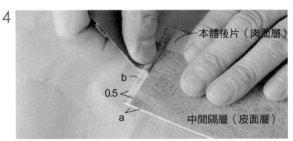

先對齊本體後片和中間隔層的a，再貼合兩片皮料的b部位肉面層後，用砂紙（240號）磨粗中間隔層b部位的皮面層。「本體前片的b、c」、「本體後片的b、c」、「中間隔層的b」分別塗抹皮革專用膠後貼合。處理本體前、後片皮料的裁切面。

❹ 打孔後滾邊

往b、c部位斬打圓孔，利用邊線器，距離皮料邊緣5mm，在a以外的3邊拉線以決定孔洞外側位置。以木槌敲打三圓斬（直徑2.4mm、孔距6mm），依序打上圓孔。

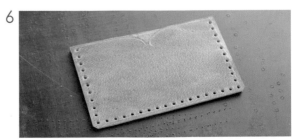

在直角附近微調，調整到圓孔間距看起來大致相等後打孔，好讓孔洞打在名片夾底部的直角上。底部的直角部位大約裁掉5mm。

7

以皮革專用膠黏貼

滾邊過程中皮繩會因為拉扯而變窄,因此,使用的皮繩最好比孔洞間距寬一點。皮繩端部沾上皮革專用膠後陰乾,然後對摺寬邊後黏貼,端部修剪成銳角更易穿過孔洞。

8

皮繩從本體前片的右上角穿向本體後片側之後預留5mm繩頭,包覆b邊緣似地往上摺後以皮革專用膠黏貼固定住。

9

皮繩再次穿過第1個滾邊孔,利用錐子撐開孔洞,好讓皮繩更順利穿過孔洞。拉緊皮繩時儘量靠近孔洞,拉短一點即可避免皮繩因拉扯而延展。其次,皮面層羊皮繩質地纖細,拉緊時必須更慎重。

10

朝著本體前片側依序滾上皮繩。小心處理以免皮繩邊緣重疊在一起,因為名片夾使用後,邊上的皮繩易因重疊部位翻起而斷裂。皮繩皺在一起時不必太在意,滾縫每一個孔洞後指甲輕輕一推即可推平。

11

位於底部轉角處的2個滾邊孔分別穿上2回皮繩,穿第一回後以錐子擴大孔洞。

12

再穿1回皮繩,這部分難免出現皮繩重疊情形。

13

將皮繩穿過最後一個滾邊孔,再以牙籤等抹上皮革專用膠後按壓片刻。穿第2回皮繩後再以膠料黏貼,然後貼近本體後片側的滾邊孔剪斷皮繩。

14

將滾好皮繩的部位滾壓得更扎實服貼。

○ 零錢包（方盒型） ►PAGE 8

★成品尺寸　約長8×寬7.5×厚2.5cm
★材料與用量　德國鞣革（厚1.5mm）約2.5DC、四合釦
　　　　　　　（直徑12mm）1組

由1片皮質堅韌的德國鞣革縫製的零錢包，方盒狀包身完
全打開後就會呈現出立方體被削掉一小部分的狀態（圖
❶）。了解構造後，改變尺寸或包蓋邊緣的線條等即可變
換出不同的造型。

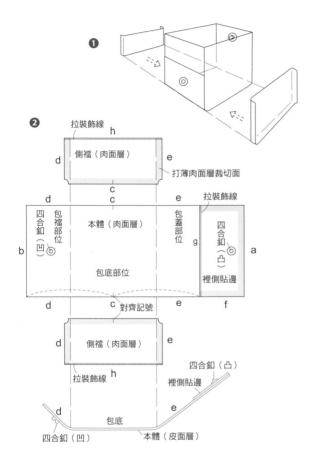

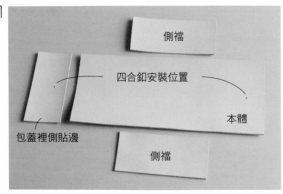

2

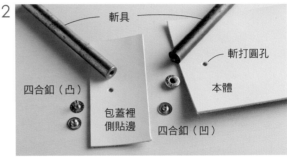

包括凹、凸釦的1組四合釦和釦斬。朝安裝位置斬打直徑
3mm的圓孔。

3

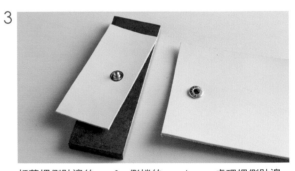

打薄裡側貼邊的a、f、側襠的c、d、e，處理裡側貼邊g
和側襠h的裁切面（參考圖❷）。底下鋪墊橡膠板，再將
四合釦（凸）擺在裡側貼邊上，將（凹）釦擺在本體上，
然後拿木槌敲打斬具以固定住釦件。

4

除裡側貼邊g外，其他3邊和本體的肉面層分別塗抹寬
5mm的皮革專用膠後，和本體的包蓋側緊密貼合。

1

裁切4個部位的皮料，參考p.31，處理本體和側襠的肉面
層。裡側貼邊g、側襠開口側h分別拉好裝飾線，然後在
本體和裡側貼邊上做記號標註四合釦的安裝位置（參考圖
❷）。

5

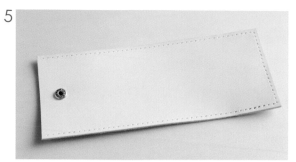

於本體周圍斬打手縫孔。先於邊緣3mm處拉線，再以4菱斬打上孔洞。

6

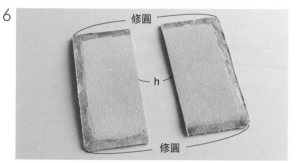

直角部位修掉約5mm，修圓側襠底側的直角（圖❷），然後於h以外的3邊肉面層塗抹皮革專用膠約5mm。

7

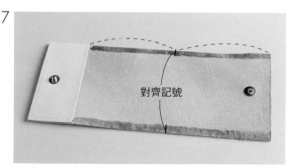

本體兩側塗抹皮革專用膠寬約5mm，然後做記號標好對齊記號以便對齊側襠的中心線。

8

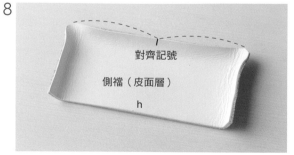

拿銀筆在側襠中心點標註對齊記號，再將h以外的3邊往皮面層摺寬約5mm，摺出清晰的摺痕。

9

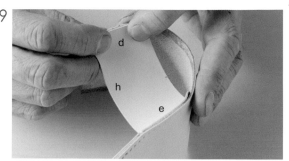

貼合側襠和本體皮料的d、e部位。

10

對齊側襠和本體皮料上的對齊記號後黏貼。

11

從對齊記號開始，依序黏貼左、右側。處理本體的摺彎部位時，從本體側拉出包襠皮料後對齊即可。超出範圍的部分於後續作業中切除。

12

側襠皮料上未斬打手縫孔，因而利用菱斬從本體側打孔並貫穿至側襠。難以打孔部位需用菱錐一個一個地鑽孔。然後利用2根針縫合周圍，再以砂紙打磨皮革裁切面，處理裁切面後完成作品。

◯ 尖褶隨身包（拉鍊式）▶PAGE 14

★成品尺寸　約長20.5×寬14×厚2.5cm
★材料與用量　塔卡牛皮（厚1.5mm）約6.5DC
　打光豬皮（厚1mm）適量、拉鍊（長21cm或更長的尼
　龍拉鍊）1條、皮面層羊皮繩（寬8mm）適量

縫製要點為底部加上尖褶以形成厚度，營造立體感之技巧
和拉鍊的裝法。

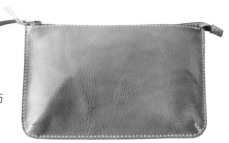

➊ 手縫前、後片包身部位的尖褶

1

以銀筆畫好尖褶裁切線後切開。裁皮刀傾向尖褶中心側裁
切皮料，不是垂直抵在皮料上喔！

2

尖褶縫好後就看不出皮革的裁切面，處理得非常美觀。

3

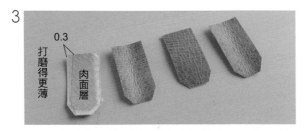

0.3

打磨得更薄　肉面層

準備尖褶的皮墊片，將零頭皮塊打薄成1mm左右後使
用，尖褶根部側以外的3邊都打薄寬約3mm，再以裁皮刀
繼續打薄皮料厚度，以免縫好後尖褶部位顯得太厚重。

4

肉面層

肉面層

本體的尖褶周圍和皮墊片都抹上皮革專用膠後陰乾。

5

肉面層

對摺皮墊片以找出中心線，再從肉面層側貼好尖褶部位的
其中一側，接著從皮面層側對齊尖褶部位，再用力按壓以
促使尖褶和皮墊片緊密貼合。

6

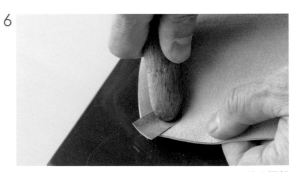

拿圓頭棒狀物，從皮墊片內側用力地按壓，既可將尖褶部
位處理得更立體漂亮，又可提昇黏貼效果。

7

利用4菱斬，尖褶兩側分別打上4個手縫孔。

47

8

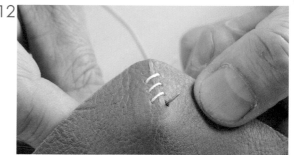

由皮面層側裁掉多餘的皮墊片。

12

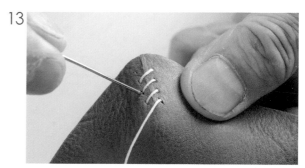

以相同要領斜斜地縫到第4孔。

9

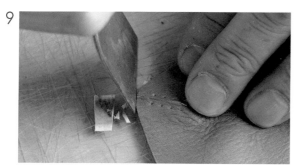

配合本體形狀,一點一點地修掉多餘的部分。

13

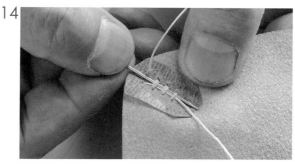

朝著包底側,由皮面層側斜斜地回縫,縫上十字交叉針目。

10

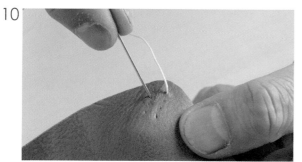

以單針縫法縫上十字交叉針目。縫針從皮墊片側穿出,先穿過尖褶底側的第1孔,再穿過斜上方的縫孔。預留4〜5cm線頭。

14

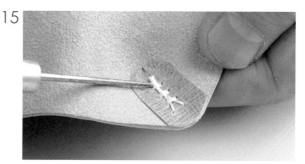

最後將穿向皮墊片側的縫針穿過縫好的針目。

11

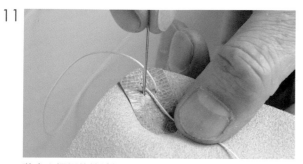

將穿向裡側的縫針插入另一邊的第2孔。必須於這時候壓縫固定預留的線頭。

15

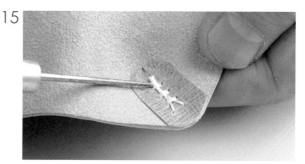

將線頭修短一點,再抹上白膠後黏貼固定住。

❹ 安裝拉鍊

16

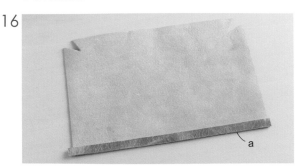

把寬1cm的裡側貼邊（打薄成1mm以下的打光豬皮）貼在前、後片包身開口處a的肉面層上。包身、裡側貼邊都塗抹皮革專用膠，不過，包身皮料塗膠前必須距離a約1cm畫線，再墊上紙張，以免膠料溢出。黏貼後處理裁切面。

17

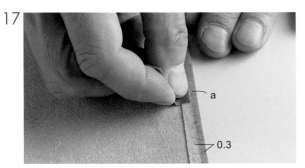

利用砂紙打磨a下邊約3mm處，事先磨粗表面。

18

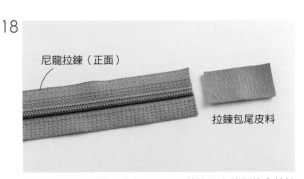

使用尼龍拉線而拉鍊太長時，必須剪掉下止片側的多餘拉鍊，修剪成必要尺寸（隨身包橫向寬＋5mm）。使用金屬拉鍊時則配合長度（隨身包橫向寬＋5mm）並如下圖處理尾端。

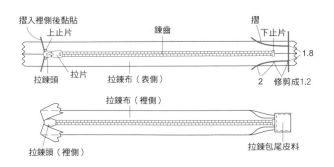

19

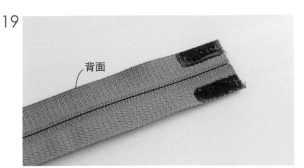

拉鍊布的下止片側背面塗抹皮革專用膠後陰乾。

20

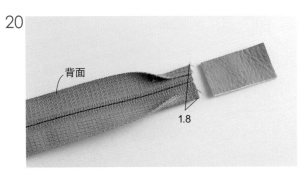

將拉鍊布摺成寬1.8cm左右後黏貼。

21

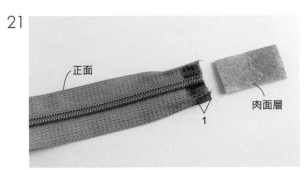

拉鍊包尾皮料的整個肉面層和拉鍊尾端的兩面分別塗抹皮革專用膠後陰乾。

22

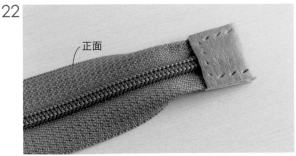

對摺包尾皮料，夾住拉鍊尾端後壓黏。利用菱斬在3邊打孔後手縫固定住。

23

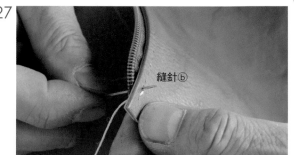

以雙針縫法固定住。

24

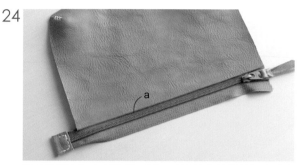

把拉鍊擺在包口處確認一下，以拉鍊布的織紋為大致基準，可更精準地拿捏寬度。裡側貼邊和拉鍊分別塗抹皮革專用膠，但裡側貼邊部分塗抹a下方2mm處，拉鍊則塗抹安裝線下方2mm處。

25

等膠料乾了後黏貼，拉鍊布的端部必須如照片般往內摺，可參考p.48圖中作法說明，摺好上止片側的拉鍊布後黏貼固定住。

26

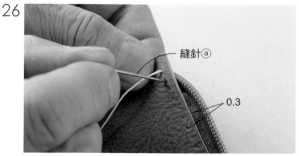

距離a約3mm處拉線後以4菱斬打上手縫孔。從拉鍊上止片側開始縫起，縫針ⓐ從皮料肉面層側的第1孔（縫孔1）穿向皮面層側後，將兩側縫線調整為相同長度。縫針ⓐ從縫孔2穿向肉面層側。

27

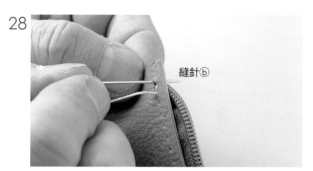

縫針ⓑ從肉面層側插入縫孔2後穿向皮面層側。

28

第1針必須縫同1個縫孔2回，因此縫針ⓑ先返回縫孔1，再穿向肉面層側，然後從旁邊的縫孔2穿向皮面層側。

29

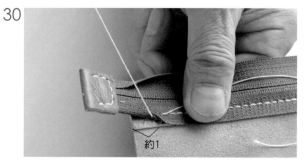

兩條縫線都從第2孔穿出後狀態。第2孔後即可如往常以雙針縫法完成手縫作業。

30

一直縫到下止片側，縫至倒數第2孔時微微避開鍊布，儘量貼近拉鍊布邊緣完成手縫步驟。

31

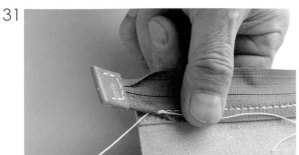

最後1針只縫皮料。

32

返回前一孔後回縫。

33

以相同要領縫好另一側的拉鍊。

34

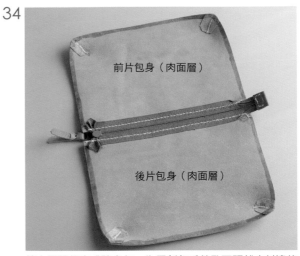

前片包身（肉面層）

後片包身（肉面層）

縫合周圍後完成隨身包。為了斬打手縫孔而距離皮料邊緣3mm拉線。兩片皮料的肉面層側都塗抹皮革專用膠。

35

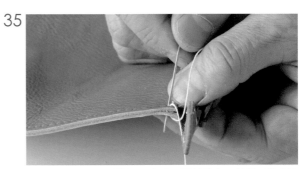

採用雙針縫法，從拉鍊下止片側開始縫起，縫第1針時繞縫前、後片包身，同時縫2片皮料的開口側。

36

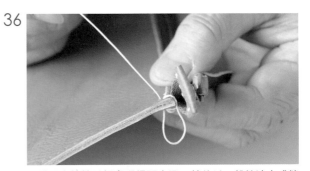

縫線再次繞縫以便處理得更牢固，然後以一般縫法完成縫合作業，縫合終點同樣地繞縫包口側2回。
※p.14隨身包［上］先打好圓孔，再以皮繩滾邊（參考p.42）。

○ 尖褶隨身包（加蓋式） ►PAGE 15

★成品尺寸　約長20.5×寬14×厚2.5cm
★材料和用量
　里約牛肩皮（厚1.6mm）約6DC
　打光豬皮（厚1mm）約4.5DC

本體部位和拉鍊式隨身包一樣，設置三角形包蓋以取代拉鍊，將包蓋端部的舌帶插入扣帶部位即可扣住包蓋的設計造型，共使用兩種皮料。
本單元係以設置舌帶的包蓋製作、安裝方法相關說明為主。（製作步驟請參考p.52）

❶ 製作舌帶後固定在包蓋頂端

1

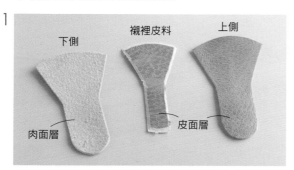

下側　　　襯裡皮料　　　上側

肉面層　　　　　　皮面層

以2片打光豬皮夾貼相同材質的襯裡皮料後構成三層結構的舌帶。襯裡皮料的皮面層以砂紙磨粗後打薄周邊厚度，肉面層均勻塗抹皮革專用膠。加快上膠動作，由內往外塗抹以免周邊抹上太多膠料。2片舌帶的肉面層也塗抹膠料。

2

將襯裡皮料貼在底面的舌帶皮料上，再往襯裡皮料上塗抹皮革專用膠，疊好表面的舌帶皮料後壓黏。

3

以砂紙打磨裁切面

以砂紙打磨裁切面後塗抹床面處理劑。處理劑半乾後利用布塊或手指用力打磨即可抑制起毛現象，打磨出光澤。

4

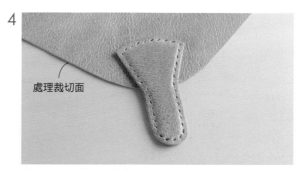

處理裁切面

事先處理包蓋皮料的裁切面。距離舌帶皮料邊緣3mm拉線後利用菱斬打上手縫孔。舌帶和包蓋上的舌帶安裝位置分別塗抹皮革專用膠後黏貼。再次斬打深及包蓋部位的手縫孔。

5

縫合起點

採用雙針縫法，從舌帶超出包蓋的位置開始縫合，朝著舌帶端部手縫一整圈，將舌帶固定在包蓋上。

6

肉面層

肉面層

將裡側貼邊固定在包蓋上。兩片皮料都塗膠，只舌帶側的曲線部位塗抹寬約5mm，膠料乾後緊密貼合。

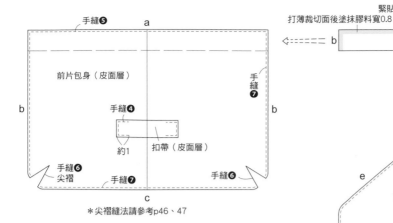

前片包身（皮面層）

手縫❺

a

手縫❼

b

b

手縫❹

扣帶（皮面層）

約1

手縫❻
尖褶

手縫❼

手縫❻

c

＊尖褶縫法請參考p46、47

打薄裁切面後塗抹膠料寬0.8

緊貼在前、後片包身a上，再完成a的手縫作業❺

a

b

裡側貼邊（肉面層）

b

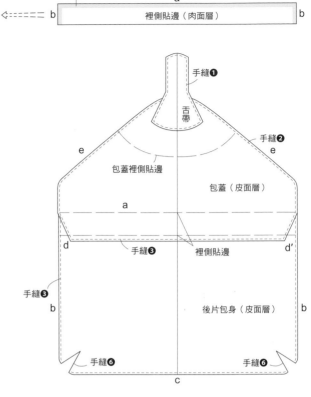

手縫❶

舌帶

手縫❷

e

e

包蓋裡側貼邊

包蓋（皮面層）

a

裡側貼邊

手縫❸

d

d'

手縫❸

b

後片包身（皮面層）

b

手縫❻

手縫❻

c

❷ 將包蓋和扣帶部位固定在本體上

7

扣帶的肉面層全面塗抹皮革專用膠。

8

皮料邊緣併攏，摺成三摺後，利用壓擦棒端部用力壓黏安裝後位於內側的部位。

9

縫合
起點

縫合終點

舌帶部位除外，距離邊緣3mm，在包蓋皮料周圍拉線後斬打手縫孔。採用雙針縫法，由d開始，朝著舌帶方向，縫舌帶右側e即可固定住包蓋的裡側貼邊。縫至終點後，將縫線穿過包蓋和裡側貼邊之間，然後剪短線頭，點上白膠固定住。以相同要領，從d'開始縫合左側。最後將手縫針目滾壓得更服貼。

10

量好2.5cm（使用間距規等更方便），在後片包身皮料上標註包蓋安裝位置。

11

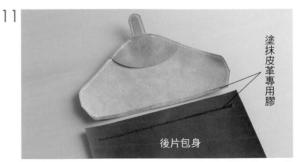

塗抹皮革專用膠

後片包身

兩端各留1.2cm，後片包身皮料拉線後，包蓋安裝側和後片包身皮料上分別塗抹寬5mm的皮革專用膠。

12

先將包蓋貼在後片包身上，再距離邊緣3mm處拉線，斬打手縫孔後縫合。位於兩端斜裁部位的2個縫孔必須分別手縫2回以提昇耐用度，因此必須事先利用錐子擴大孔洞，同時鑽好後片包身的縫孔。

13

後片包身
2
前片
包身
2

前、後片包身皮料距離2cm，攤平擺好後決定扣帶固定位置。

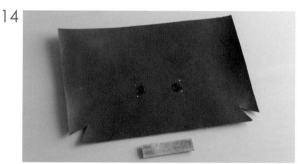

14

拿銀筆在前片包身皮料上做4個記號，標好扣帶固定位置。

15

往記號裡側錯開約1mm以形成浮貼狀態（足夠插入舌帶的空間），再以皮革專用膠黏貼約1cm暫時固定住。

16

利用菱斬打好手縫孔，再以雙針縫法固定住扣帶。貼合前、後片包身皮料後縫合，即可完成隨身包（參考p.50）。

※皮料經過縫製後難免出現延展現象，因此對齊前、後片包身皮料時，尤其是處理這款隨身包的尖褶位置和包口側的角上時更應確實對齊，且視其間的皮料延展情形微調後黏貼。

❸ 尖褶部位的造型變化

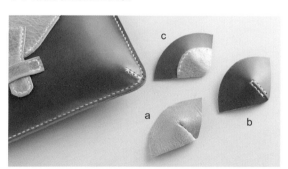

具裝飾作用的尖褶縫法。a：皮面層朝內，以雙針縫法縫好尖褶部位後，將縫份部位修窄一點，再以膠料黏貼固定住。b：尖褶兩邊併攏，周圍加上皮墊片後，以雙針縫法完成縫合作業〔尖褶隨身包（拉鍊式）的p.46步驟1～9之後的變化縫法〕。c：尖褶兩邊併攏後貼合的本體皮面層上，重疊另一片裁成尖褶狀的裝飾用皮料後縫合固定住。本體的肉面層事先黏貼皮墊片。

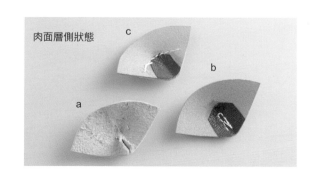

肉面層側狀態

○ 三款拉片裝飾

依個人喜好選用皮料，和本體使用相同皮料亦可。皮料以裁皮刀打薄至1mm以下後使用。

利用裁皮刀打薄凸出1cm，捲繞後可固定住流蘇的部位。再次打薄，將捲繞部位尾端處理得更平整以便捲出最漂亮的狀態。

流蘇

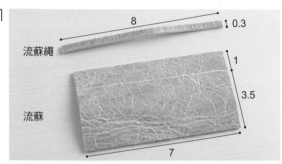

裁切流蘇和流蘇繩的皮料。流蘇皮料上先以銀筆畫好線條。

8　0.3

流蘇繩

流蘇

1

3.5

7

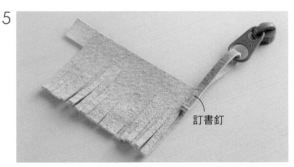

流蘇繩皮料穿過拉片上的孔洞後對摺，端部塗抹白膠後貼牢，然後擺在將捲繞成流蘇的皮料邊緣，利用釘書機釘牢3片皮料。

訂書釘

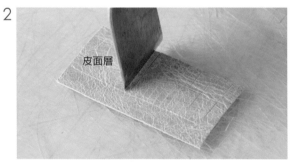

將皮料擺在塑膠板上，從左側下刀，利用裁皮刀，將皮料下端裁成寬約3mm的條狀後製作流蘇。

皮面層

邊塗抹白膠，邊捲起皮料。

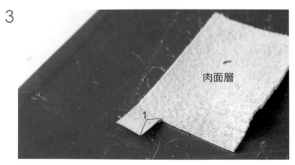

最後的1cm裁掉下端，不裁成條狀。

肉面層

1

流蘇裝飾完成後狀態。

穿孔即完成

1

利用p.14的尖褶隨身包（拉鍊式）作品的原尺寸紙型，裁好皮料後，利用圓斬打好2個直徑3.6mm（皮料寬約1/3）的圓孔。兩端斜切以方便穿孔。

2

先將皮料穿過拉片上的孔洞，再將B端穿過圓孔a。

3
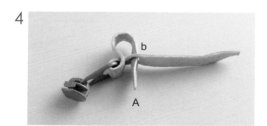

直接拉緊B端，穿過圓孔a，拉出圓孔b後狀態。

4

將A端穿過圓孔b後拉緊皮料，再調整形狀。

5

完成後狀態。

斬打固定釦即完成

1

利用p.12的筆盒（拉鍊式）作品原尺寸紙型，裁好皮料後兩端分別打上直徑約3mm的圓孔。

2
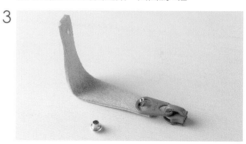

使用直徑6mm的固定釦，凹凸為1組。

3

凸釦從皮料的皮面層側插入，穿過圓孔，冒出頭時，將拉片上的圓孔部位套上去。

4

皮料另一端的圓孔也套在凸釦上，冒出頭時，套上凹釦，嵌入至發出「咔」聲。

5

將釦斬抵在固定釦上，木槌用力地敲打釦斬以便緊緊地固定住釦件。

6

完成後狀態。

◯ 書套2（書套1應用篇）►PAGE 7
雙色皮革拼接

★材料和用量
打光豬皮（厚1mm）薄荷綠、米黃色各適量

只有本體部分如圖❶處理剪接部位，以裝飾縫法完成縫合作業的設計造型。本單元中將詳細說明拼縫方法。構造、尺寸、作法同p.4的書套1。採用雙針縫法，利用4菱斬，分別在即將拼接的A、B兩色皮料上斬打縫孔。注意！此時的縫合針目呈傾斜滾縫狀態，縫孔A和B的間隔只錯開約1/2（參考圖❷）。穿線方法和採用雙針縫法時一樣，不過，只需使用1根縫針。

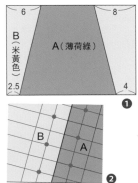

3

以相同要領將縫針從肉面層插入皮料A的第2孔後穿過縫孔。

4

將線頭穿過位於肉面層側、即將拉緊的縫線鬆環以固定住線頭。

1

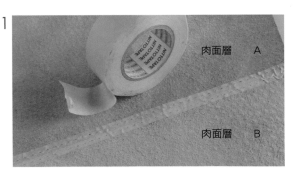

皮料A、B併攏後利用寬約1cm的遮蔽膠帶黏貼固定住。

5

線頭穿過鬆環後就拉緊，反覆穿過3～4針。

2

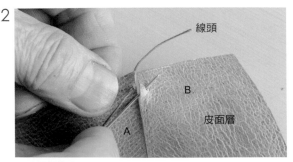

縫針從肉面層插入，穿過皮料A的第1孔後穿向皮面層。預留線頭約4cm，邊撕掉遮蔽膠帶，邊從肉面層側將縫針插入皮料B的第1孔後穿向皮面層。

6

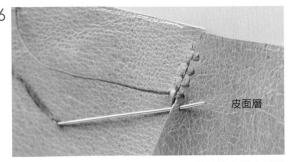

反覆步驟2和3。縫合終點如同起點，將縫線穿過肉面層側的滾縫針目3～4針後剪斷，再以白膠沾黏固定，然後利用推輪滾壓拼縫針目。

零錢包（馬蹄型）►PAGE 8

★ 成品尺寸　約長9.5×寬8.5×厚3.5cm
★ 材料與用量　打光豬皮（厚1mm）表側皮料：米黃色，裡側皮料：粉紅色 各約5DC，直徑12mm的四合釦1組

❶ 要點
使用2種顏色的豬鞣皮以營造高級質感和份量感。表、裡側皮料緊密貼合，期望完成更堅固耐用的作品。

❷ 製作包蓋
1 貼合包蓋裝飾的表、裡側皮料後處理裁切面，然後貼在包蓋的表側皮料上。圖①、③、④
2 將四合釦（凸）固定在包蓋的裡側皮料上。圖②
3 利用皮革專用膠緊密貼合包蓋的表、裡側皮料。貼合時如同圖⑬斷面圖形成曲線。處理皮料裁切面後以雙針縫法縫合皮料❶。圖①、⑬

❸ 組裝前片包身和一片式包襠
4 處理前片包身表側皮料b的裁切面。圖⑤
5 一片式包襠的皮面層c以砂紙打磨寬7mm，磨粗皮料表面。塗抹皮革專用膠寬約8mm後，先將前片包身肉面層b疊貼在c上，再完成手縫作業❷。圖⑤、⑥、⑧
人 分別對齊包身與一片式包襠部位的中心和邊緣，透過包底側的曲線部位微調包襠後貼合皮料。

6 包括包襠份，將前片包身皮料裁大一點，然後和前片包身表側皮料的肉面層對齊後緊密貼合。黏貼前先對齊表側皮料、裡側皮料a和包底中心，再配合表側皮料的鼓起狀態，邊拉撐皮料、邊黏貼成放射狀。裡側皮料多出部分必須集中黏貼在已經形成曲線的部位。處理後安裝四合釦（凹）。圖⑤、⑦、⑧
7 拉裝飾線處理前片包身裡側皮料a的裁切面。圖⑤

❹ 將外口袋貼在後片包身皮料上
8 打薄外口袋裡側貼邊周圍和外口袋的肉面層的f部位裁切面。圖⑨、⑩
9 對齊外口袋和裡側貼邊的肉面層後緊密貼合，然後在e上拉線，處理裁切面。圖⑨、⑩
10 緊密貼合後片包身的表、裡側皮料，再黏貼外口袋周圍。處理g的裁切面。圖⑪、⑫

❺ 將一片式包襠和包蓋固定在後片包身上（圖⑬）
11 將一片式包襠d貼在後片包身裡側皮料h上，手縫❸後處理裁切面。
12 將包蓋貼在後片包身g上，手縫❹後處理裁切面。

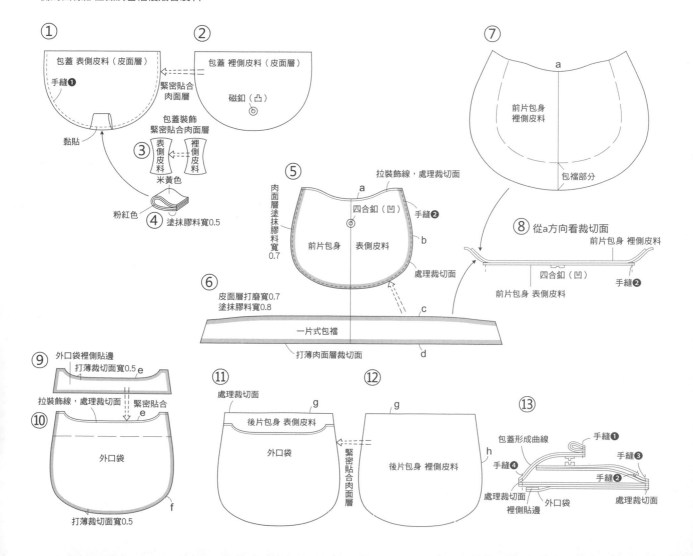

數位相機包 ▶PAGE 16

★ 成品尺寸　約長10.5×寬7×厚5cm
★ 材料與用量　表側皮料：里約牛肩皮（厚1.6mm）約3.5DC、裡側皮料：打光豬皮（厚1mm）約2.5DC、直徑14mm的磁釦1組、活動鉤1個、直徑6mm的原子釦1組。

❶ 要點
只由1片厚1.6mm皮料完成的話，份量感稍嫌不足，為了營造更硬挺的感覺和高級質感，包身和包蓋裡側分別黏貼裡側皮料。只想由1塊皮料完成作品時，必須使用厚度達2～2.5mm的皮料。為了降低製作難度，由1片表側皮料完成包襠部位。構成這款皮件的部位較多，因此先做好細小部分，再依序組裝即可降低製作難度。

❶ 製作包蓋
1　將磁釦（凸）固定在包蓋的裡側貼邊上。圖③
2　邊形成曲線、邊緊密黏貼包蓋的表、裡側皮料。圖②
3　將包蓋裡側貼邊皮料貼在包蓋的裡側皮料上，處理裁切面後手縫❶。圖①、②

❶ 製作活動鉤扣耳
4　只有活動鉤墊片（1片）拉裝飾線，不過，2片的固定側肉面層都微微地打薄寬約7mm，並於形成曲線、貼合後處理裁切面。此部分不手縫，因此必須緊密貼合。圖⑦、⑧

❶ 製作提帶環
5　提帶環的2個手縫部位的肉面層都微微地打薄約7mm後處理裁切面，其中1片拉裝飾線。拉裝飾線側朝外，彎曲上方部位後貼合皮料。圖①、②

❶ 安裝包蓋、活動鉤扣耳、提帶環
6　將磁釦固定在前片包身表側皮料上，再將皮墊片貼在肉面層的磁釦固定片上。圖①、②
7　先將包蓋擺在後片包身表側皮料的包蓋安裝位置上，表面上依序擺放活動鉤扣耳、提帶環（露出未拉裝線側），分別黏貼寬5mm後手縫❷。圖①、②
8　先將提帶環下端貼在後片包身皮料上（透過紙型確認位置），再完成手縫作業❸。圖①、②
9　包身部位的表、裡側皮料形成曲線後貼在包底部位的皮料上，再處理裁切面。圖②
⚐ 製作時必須緊密黏貼此部分，不過僅貼4邊也OK，前者完成後較硬挺，後者可完成比較柔軟的作品。

❶ 製作包襠
10　包襠皮料的3邊分別打薄裁切面寬約5mm。事先往皮面層側摺疊約5mm更方便黏貼在本體身上。圖④、⑥
11　將包襠裝飾對摺成兩半，預留距離凸摺1cm處，並於貼合

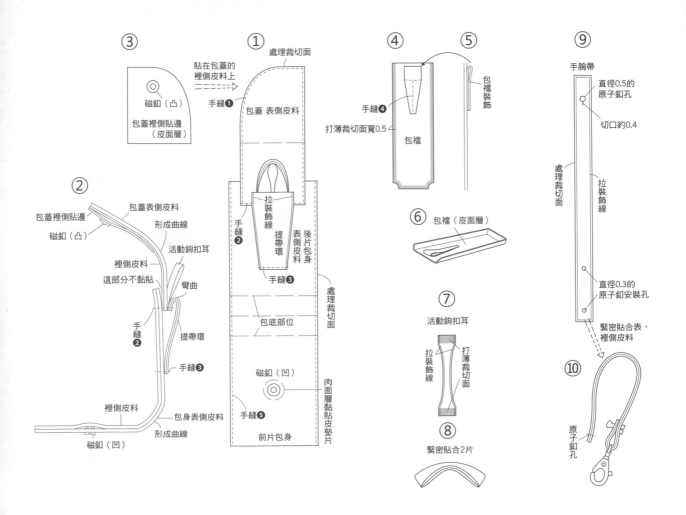

肉面層後處理裁切面。圖⑤

12 將包襠裝飾貼在裝飾安裝位置後手縫❹。圖④

❾ 將包襠部位固定在本體身上（圖①）

13 只有包身部位的皮料上斬打手縫孔。

14 貼合包襠和包身皮料後再次打孔。因構成包底的部位不方便以菱斬打上手縫孔而使用菱錐。

15 手縫❺後處理裁切面。

❿ 製作手腕帶（圖⑨、⑩）

16 緊密貼合表、裡側皮料，處理周邊裁切面後拉裝飾線。

17 依據紙型斬打2個原子釦安裝孔，套入活動鉤後固定原子釦。

18 原子釦孔直徑必須略小於原子釦，且縱向劃開長約4mm的切口。

名片夾（三插式）►PAGE 6

★ 成品尺寸　約長7×寬11×厚1.5cm
★ 材料與用量　里約牛肩皮（厚1.6mm）約5DC

❶ 要點

不加包襠，但因加大長度而可插入更多票卡類，經久使用後皮質更柔軟，大幅提昇收納量，而且越用越順手好用。

❷ 拉裝飾線（圖①～⑥）

1 外口袋A、B，以及內口袋A（2片）、B的a部位邊緣分別拉裝飾線。

❸ 打薄裁切面（圖②～⑥）

2 分別打磨本體周圍和各口袋的3邊肉面層裁切面。

❹ 處理裁切面（圖②～⑥）

3 處理本體周圍和各口袋的b、c部位裁切面。

❺ 組裝

4 將皮墊片貼在本體內側不安裝口袋的部位。這部分必須往內摺，因而邊黏貼、邊形成平緩的曲線。圖④

5 本體外側貼妥外口袋A後才黏貼B。圖①

6 本體內側的兩側黏貼內口袋A，不安裝外口袋側先疊在A上，再黏貼內口袋B。圖④

❻ 周圍斬打孔洞，採用雙針縫法

7 沿著本體周圍，由外側斬打手縫孔，但必須在避免戳斷皮料狀況下，利用菱錐鑽好固定口袋的孔洞（a部分共9處），內、外側都必須處理。

人 參考p.37書套單元

8 由外側完成手縫作業，從內口袋A邊緣的a部位開始，b部位由滾縫3針左右的位置開始手縫的話，最後階段處理線頭時更輕鬆。圖④

❼ 最後修飾

9 以推輪用力地滾壓已完成手縫作業的部位。

10 處理本體周圍的裁切面。

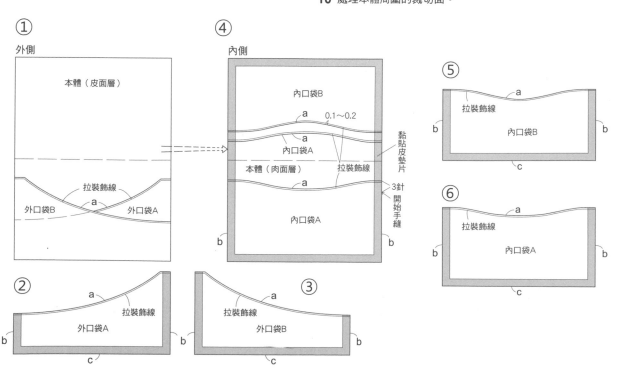

鑰匙包
三摺式圓形　附4連鉤金屬配件　►PAGE 13

★ 成品尺寸　約長9×寬5×厚2cm（摺疊狀態）
★ 材料與用量　打光豬皮（厚1mm）米黃色約2.5DC、薄荷綠約1.5DC、4連鉤金屬配件1個、直徑10mm的四合釦1組、直徑6mm的固定釦2組

❶ 要點
打光豬皮為比較薄的皮料，因此針對安裝金屬配件的部位加上襯裡皮料以免因鑰匙之接觸而刮傷鑰匙包本體。

❷ 貼合2片本體皮料
1　只需打薄構成外側部位的米黃色皮料肉面層周圍裁切面，處理後塗抹皮革專用膠，並以浮貼方式貼牢。

❸ 製作各部位
2　分別處理本體、裡側貼邊A和B、中間襯裡等各部位皮料的裁切面。
3　裡側貼邊A和B的b、中間襯裡b分別拉裝飾線。圖①
4　將四合釦（凸）固定在裡側貼邊A的皮面層上。圖①、②
5　將四合釦（凹）固定在本體皮料上。圖②
🖐 四合釦安裝方法請參考p.44零錢包（方盒型）單元

❹ 組裝
6　裡側貼邊A和B的a、中間襯裡c以及本體上的相對應部位分別塗抹皮革專用膠。圖①
7　貼合本體、裡側貼邊A和B、中間襯裡。圖①、②
8　沿著周圍依序完成斬打縫孔、手縫、處理裁切面等作業。圖①

❺ 安裝金屬配件（圖①、②）
9　以推輪用力地滾壓手縫部位。
10　由本體側朝著安裝金屬配件的固定釦安裝位置，斬打直徑3mm、貫穿至中間襯裡部位的孔洞。
🖐 鑰匙包配件的固定釦孔位置因廠牌而呈現微妙差異，安裝時直接將配件擺在皮料上即可更精準地標註記號。
11　利用固定釦安裝4連鉤金屬配件。

鑰匙包
三摺式方形　附4連鉤金屬配件　►PAGE 13

★ 成品尺寸　約長10×寬5.5×厚1.5cm（摺疊狀態）
★ 材料與用量　德國鞋革（厚1.5mm）約3DC、4連鉤金屬配件1個、直徑13mm的四合釦1組、直經6mm的固定釦2組。

❶ 要點
原色鞋革易髒，建議縫製前塗抹油蠟。其次，這款鑰匙包使用質地堅硬厚實的皮料，建議打薄後使用，將作品縫製得更精美。挑選彈性較強的大型彈簧釦以便緊緊地扣住鑰匙。

❷ 製作各部位
1　處理本體、裡側貼邊A和B、中間襯裡的皮料裁切面。
2　裡側貼邊A和B的b、中間襯裡b分別拉裝飾線。圖②
3　打薄裡側貼邊A、B的a和d，以及中間襯裡皮料的d部位裁切面。
4　將彈簧釦（凸）固定在裡側貼邊A上。圖②
5　將彈簧釦（凹）固定在本體（皮面層）上。圖①

❸ 組裝（圖①、②）
6　本體、裡側貼邊A和B，以及中間襯裡皮料a、b、d分別塗抹皮革專用膠寬約5mm。
7　貼合本體、裡側貼邊A和B、中間襯裡皮料。
🖐 c部分不黏貼。
8　沿著本體周圍依序完成斬打手縫孔、手縫、處理裁切面作業。

❹ 安裝金屬配件
9　安裝步驟同左側的三摺式圓形鑰匙包。

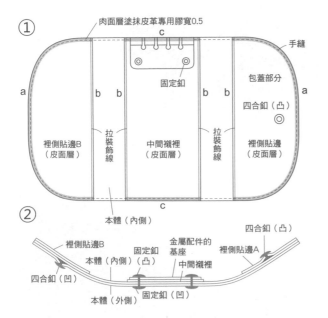

① 肉面層塗抹皮革專用膠寬0.5

c
手縫
固定釦
包蓋部分
四合釦（凸）
a　b　b　　　　　　b　b　a
裡側貼邊B（皮面層）
拉裝飾線
中間襯裡（皮面層）
拉裝飾線
裡側貼邊A（皮面層）
c
本體（內側）

② 裡側貼邊B
固定釦
金屬配件的基座
裡側貼邊A
四合釦（凸）
本體（內側）（凸）
中間襯裡
四合釦（凹）
本體（外側）
固定釦（凹）

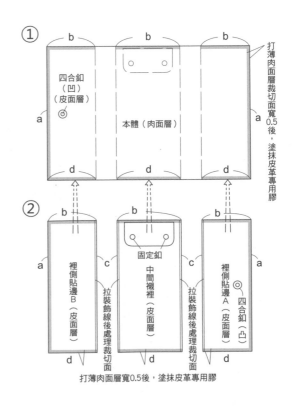

①
b　　b　　b
打薄肉面層裁切面寬0.5後，塗抹皮革專用膠
四合釦（凹）（皮面層）
a　　　　　　　　　　a
本體（肉面層）
d　　d　　d

②
b　　b
a　　　　c　　　c　　　　a
固定釦
裡側貼邊B（皮面層）
拉裝飾線後處理裁切面
中間襯裡（皮面層）
拉裝飾線後處理裁切面
裡側貼邊A（皮面層）
四合釦（凸）
d　　d　　d
打薄肉面層寬0.5後，塗抹皮革專用膠

鑰匙包
吊鐘型 附雙圓環金屬配件 ►PAGE 13

★ 成品尺寸　約長10×寬6×厚1.5cm
★ 材料與用量　里約牛肩皮（厚1.6mm）約3DC、直徑25mm雙圓環1個、直徑13mm的四合釦1組、直徑8mm的固定釦1組

❶ 要點
兩款吊鐘型鑰匙包是由相同的紙型完成，使用不同顏色的皮料或金屬配件等，加上些許變化就能做出不同味道的作品。

❷ 打薄、處理裁切面（圖②、③）
1　依序打薄裡側貼邊A的b′、裡側貼邊B的a′、中間襯裡皮料的d′部位裁切面。
2　處理各部位皮料的裁切面。

❸ 將裡側貼邊B和中間襯裡皮料固定在本體上
3　將裡側貼邊B的a′、中間襯裡的d′部位貼在本體的肉面層上。圖②
4　本體的b除外，沿著周圍，由皮面層側斬打手縫孔，需貫穿至中間襯裡的d′和裡側貼邊B的a′。避開中間襯裡的c部位，手縫❶後用力滾壓針目。圖①
人　中間襯裡皮料只有d′部位縫在本體上。

❹ 將雙環配件固定在本體上
5　雙圓環固定帶皮料上斬打3個固定釦安裝孔。圖④
6　固定帶套入雙圓環後先摺三摺，再對齊孔洞，然後利用固定釦安裝在中間襯裡上的安裝位置。圖②、⑤
人　亦可將活動鉤安裝在雙圓環固定帶凸出本體的部位，採用這種方式時必須於安裝固定帶前完成該作業。

❺ 將裡側貼邊A固定在本體上
7　不含裡側貼邊A的b′，沿著周圍拉裝飾線。圖③
8　貼合本體的b和裡側貼邊A的b′部位。
9　貼合本體的b部位後由本體側打孔，完成手縫❷、裁切面處理作業後以推輪用力滾壓。圖①

❻ 安裝四合釦（圖③）
10　將彈簧釦（凸）固定在裡側貼邊A的皮面層上。
11　從本體側插入彈簧釦（凹），必須深及裡側貼邊B。

鑰匙包
吊鐘型 附4連鉤金屬配件 ►PAGE 13

★ 成品尺寸　約長10×寬6×厚1.5cm
★ 材料與用量　里約牛肩皮（厚1.6mm）約2DC、4連鉤金屬配件1個、直徑13mm的四合釦1組、直徑6mm的固定釦2組

❶ 要點
裡側貼邊為一整片皮料，因此做法相對簡單。使用韌度絕佳的皮料時，不加裡側貼邊也沒關係。亦因鑰匙接觸而刮傷皮料，加上襯裡皮料即可完成更堅固耐用的鑰匙包。

❷ 打薄裁切面
1　分別打薄本體的d和e、裡側貼邊的d′、中間襯裡的e′部位的肉面層裁切面。圖①～③

❸ 處理裁切面、拉裝飾線（圖①～③）
2　完成每一片皮料的裁切面處理作業。
3　本體的d部位除外，周圍、內裡料的b和c、裡側貼邊的f部位分別拉好裝飾線。

❹ 固定中間襯裡和4連鉤金屬配件
4　對齊本體的e和中間襯裡的e′部位肉面層後貼合。圖①、②
5　利用固定釦安裝鑰匙包金屬配件。圖②

❺ 以手縫方式固定在裡側貼邊上（圖③）
6　對齊裡側貼邊的d′和本體的d部位肉面層後貼合。
7　由本體側往d部位斬打孔洞，再經手縫、處理裁切面後用力滾壓針目。

❻ 安裝四合釦（圖③）
8　將彈簧釦（凸）固定在裡側貼邊的皮面層上。
9　將彈簧釦（凹）固定在本體的肉面層上。
人　兩款吊鐘型鑰匙包的彈簧釦（凹）安裝後本體上都看得到釦件頭部。

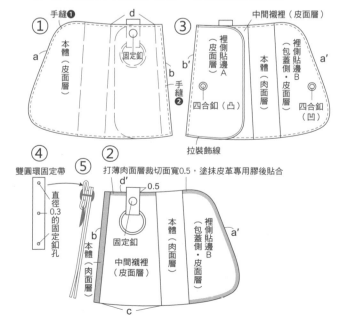

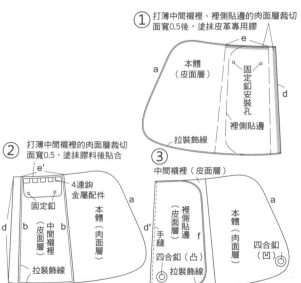

筆盒（方盒型） ►PAGE 12

★ 成品尺寸　約長20×寬7×厚3.5cm（摺疊狀態）
★ 材料與用量　里約牛肩皮（厚1.6mm）約9.5DC、打光豬皮
（厚1mm）適量、襯料：內襯皮料（厚0.6mm）適量、直
徑6mm的原子釦1組

❶ 要點

筆盒上安裝不同皮質的扣帶，試著縫製得更時髦亮眼。多加
一點巧思，再確認一下學過的部分以提昇製作技巧吧！

❷ 將扣帶部位固定在本體皮料（圖①～③）

1 處理本體（外蓋）周圍的裁切面。
2 肉面層相對，緊密貼合2片扣帶皮料後處理裁切面。
3 扣帶頭皮料的裁切面處理過後，先對摺，再夾住扣帶的其
中一端，然後依序黏貼、打孔、手縫❶。
4 不含本體上的扣帶安裝部位，完成手縫作業❷。
5 擺好扣帶皮料，緊密地黏貼在本體皮面層上的扣帶安裝位
置後手縫❸。
人 此階段中扣帶或扣帶頭尚未斬打原子釦孔。盒蓋扣合狀態
因皮料厚度、硬度、縫法而不同，建議在裝入物品狀態下微
調釦件或釦孔位置。

❸ 組裝內盒部位

6 以皮革專用膠緊密貼合基座和襯料後處理裁切面。圖⑥
7 安裝內蓋側的肉面層微微地打薄後拉裝飾線，再處理周圍
裁切面。貼合內蓋和基座襯料。從基座的皮面層斬打縫孔後
手縫❹。圖④～⑥
8 打薄盒襠a、a′的肉面層裁切面。處理b、b′裁切面。貼
合a、a′後斬打手縫孔。圖⑦、⑧
9 將盒襠貼在基座c上。圖⑧、⑨
人 此部分重疊好幾層皮料，易因處理部分變厚而難以打上孔
洞，必須分階段斬打孔洞。其次，以菱斬打孔無法穿透至基
座皮料時，建議使用菱錐。

❹ 將內盒固定在本體上

10 完成內盒後擺在本體上，再次斬打孔洞，從盒襠側將步驟
❽打過的孔洞穿透至本體部位，手縫❺後處理裁切面。圖
⑨、⑩
人 這部分最好也以菱錐（圓錐）鑽孔。圖⑧、⑨
11 斬打原子釦安裝孔，孔洞兩側劃上長約5mm的切口。安
裝原子釦。圖①、⑩

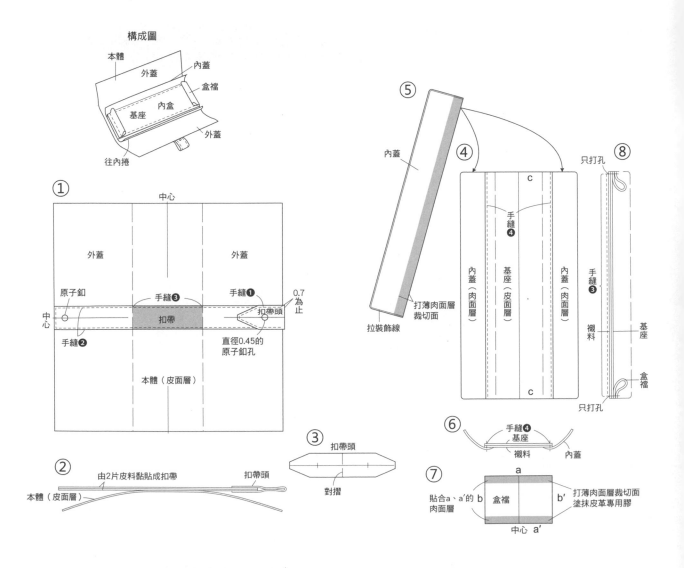

筆盒（拉鍊式） ►PAGE 12

★ 成品尺寸　約長20×寬5.5×厚4cm
★ 材料與用量　打光豬皮（厚1mm）約4.5DC、長20cm的拉鍊1條、直徑6mm的固定釦1組

❶ 要點
以薄皮料縫製包包或小物後，安裝拉鍊部位為單層皮料時，最容易出現皮料延展現象，因此建議加上皮墊片（本書中稱裡側貼邊）予以補強，或將安裝部位的皮料打薄寬約8mm且往內摺後才縫合。

❷ 準備拉鍊
1 先將裝飾用皮料裝在拉片上（參考p.55），再以手縫方式❶將拉鍊包尾皮料固定在下止側。圖①
人 參考尖褶隨身包（拉鍊式）的p.48。

❸ 將拉鍊固定在本體上
2 先將裡側貼邊緊密黏貼在本體包口側的肉面層上（2處），再處理周圍的裁切面（參考p.48尖褶隨身包（拉鍊式）作法）。圖①

3 將其中一邊的拉鍊布擺在本體上，再依序完成黏貼、打孔、手縫作業❷。圖①
人 將拉鍊固定在本體部位時，使用寬3mm的雙面膠帶（一般文具店就可買到）更方便，但，黏貼時必須避開打孔位置。
4 本體上事先打手縫❹、❺的孔洞。圖②
5 將另一邊的拉鍊布貼在本體上，再打孔、手縫❸。圖①

❹ 將盒襠固定在本體上
6 盒襠部位先摺好5mm的黏貼份，再與本體貼合。再次由本體側打孔（使用菱錐亦可），貫穿至盒襠皮料後手縫❹、❺。圖②
人 黏貼袋襠盒後曲線部位不易打孔，建議以菱錐鑽孔。
人 處理盒襠的曲線部位時，等整理好皮料後才和本體緊密貼合。直線部位則自然地貼合。

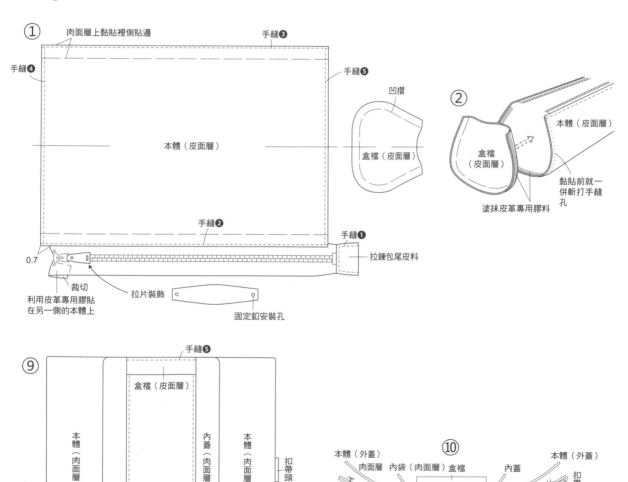

手機袋 ►PAGE 17

★ 成品尺寸 約長11.5×寬10.5×厚3cm
★ 材料與用量 打光豬皮（厚1mm）薄荷綠約4.5DC、米黃色約1.5DC、直徑約2mm的皮製圓繩 適量、直徑16mm的磁釦1組

❶ 要點
使用薄皮料，因此幾乎不需要處理裁切面。利用配色皮料完成袋口裝飾和袋蓋部位的流蘇以作為重點裝飾。利用袋底的尖褶營造空間，以提升手機取用便利性，也非常適合用於製作小型數位相機包。

❷ 處理前、後片袋身部位
1 以一整片皮料構成前、後袋身，因此於肉面層塗抹床面處理劑，將皮料處理得更平滑。

❸ 製作流蘇
2 以圖⑥、⑦要領製作流蘇，詳情請參考p.54。

❹ 製作袋蓋
3 將磁釦（凸）固定在袋蓋的裡側貼邊上。圖④
4 邊形成曲線、邊貼合袋蓋的表（薄荷綠）、裡（米黃色）側皮料。圖⑤
人 袋蓋和手腕帶環為一體成形。袋蓋部分只貼合周圍（手縫❶部位），手腕帶環部分緊密貼合以便製作得更牢固。
5 手腕帶環部分拉裝飾線後處理裁切面。圖①
6 先將裡側貼邊緊密貼在袋蓋皮料上，再黏貼流蘇，然後處理裁切面、打孔、手縫❶。圖①、⑤

❺ 處理前、後袋身的尖褶部位（圖①、②）
7 在前、後片袋身的2個尖褶線上方割1道切口。
8 打薄尖褶部位的皮面層後重疊切口，再以皮革專用膠貼牢。
人 這部分的尖褶只黏貼，不手縫，因此必須壓黏得很確實。

❻ 安裝前片袋身的磁釦和袋身裝飾
9 將磁釦（凹）固定在前片袋身部位。將覆蓋磁釦固定片的薄皮塊（厚1mm以下）貼在肉面層。圖②
10 前片袋身開口處的皮面層和袋身裝飾的肉面層塗抹皮革專用膠寬5mm後貼合，再處理裁切面、打孔、手縫❷，超出兩側部分維持原狀。圖②

❼ 將袋身裝飾和手腕帶環固定在後片袋身上
11 如前片袋身，黏貼袋身裝飾後處理裁切面、打孔、手縫❸。超出兩側部分依袋身長度修齊。圖①
12 將手腕帶環貼在後片袋身上，只黏貼手縫❹、❺的部位，然後打孔、手縫❹、❺。圖①、⑤

❽ 對齊前、後片袋身
13 貼合前、後袋身皮料，只貼手縫❻部位。超出前片袋身裝飾兩側的部分預留足夠穿入圓繩的空間，再疊貼於後片袋身裝飾上。圖②、③
14 袋口除外，手縫❻周圍後處理裁切面。圖②
15 圓繩對摺後穿過步驟13預留，位於袋身裝飾上的空間，再視個人喜好調整長度，然後兩端一起打結。

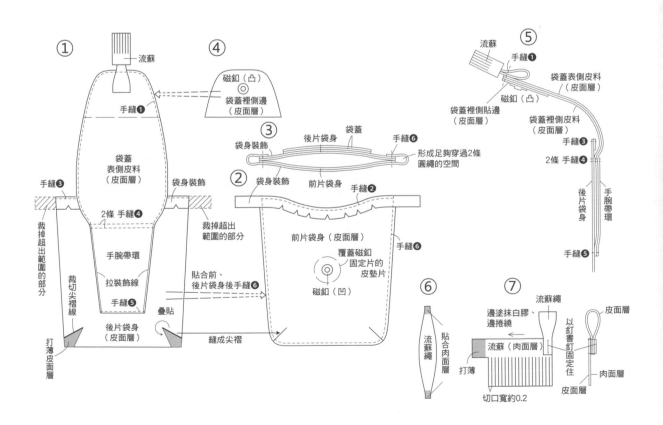

名片夾（加蓋、加襠式）►PAGE 6

★ 成品尺寸　約長7×寬11×厚2cm
★ 材料與用量　里約牛肩皮（厚1.6mm）約3.5DC、打光豬皮（厚1mm）約0.5DC、直徑8mm的磁釦1組

➊ 要點
可大量插入名片和票卡，安裝著夾襠的票卡夾。處理夾襠部位時分別完成手縫部分。其次，夾蓋部分由一整片皮料完成，但由配色線手縫邊緣，兼具防止皮料延展及重點裝飾功能。

➋ 拉裝飾線
1 完成前、後片夾身的a部位拉線作業。圖④、⑦

➌ 先將扣帶固定在夾蓋上，再黏貼後片夾身
2 打薄扣帶表、裡側皮料的短邊裁切面。圖①
3 將磁釦（凸）固定在扣帶表側皮料的皮面層上。圖①、③
4 肉面層相對，對齊扣帶的表、裡側皮料後，邊摺起摺線處、邊緊密貼合。扣帶的裡側皮料成為襯墊皮料，覆蓋住磁釦（凸）固定片。圖③
5 邊形成曲線，邊把步驟4完成的扣帶緊密地貼在夾蓋上，再完成手縫作業➊。圖②
6 打薄後片夾身b'、c的肉面層裁切面，塗抹皮革專用膠後貼在本體上。圖②、⑦

➍ 將夾襠縫在前夾皮料上
7 將磁釦（凹）固定在前夾身皮料上。圖④
8 將里約牛肩皮打薄成厚1mm以下，再摺成夾襠部位。圖⑤
人 操作難度較高，可選用薄一點的皮料。
9 分別處理夾襠，肉面層相對，對齊前片夾身的兩側後貼合，再從前片夾身側打孔、手縫➋。圖④、⑥

➎ 將夾襠的另一邊固定在本體皮料上
10 以步驟➒要領將夾襠的另一邊貼在本體的兩側，再拿菱斬從後片夾身側往b'、c和包蓋的d部位打孔。b'的最下方孔洞必須距離c約5mm。圖②
11 從包蓋扣帶邊緣開始手縫d部位，縫到後片夾身b'部位的最後一個縫孔後手縫➌、➍兩側。圖②、⑥、⑧
人 此階段中夾襠c部分尚未貼合。

➏ 縫合夾底
12 貼合前片夾身和本體的c部位，再利用菱斬，由前片夾身側打孔後手縫➎。圖②、④

➐ 最後修飾
13 利用推輪由表面側滾壓手縫部位➊～➎。
14 處理本體周圍、包蓋的裁切面。

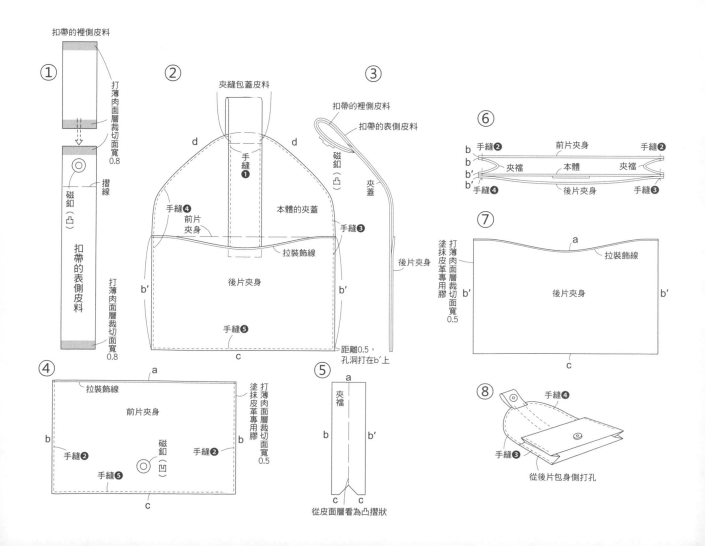

小肩包（加蓋式） ▶PAGE 18

★ 成品尺寸　約長20×寬20×厚7cm
★ 材料與用量　表側皮料：塔卡牛皮（厚1.5mm）約23.5
　DC、裡側皮料：打光豬皮（厚1mm）約18DC、直徑約
　3mm的圓繩、直徑18mm的磁釦1組、直徑6mm的原子釦2
　組

❶ 要點

裡側皮料可另行縫製。製作本作品時，分別貼合各部位的
表、裡側皮料，採浮貼方式，縫製成軟包。其次，本體、包
蓋皮料的裁切面不打薄，以輕度打薄的薄豬皮革、打光豬皮
為表側皮料。

❷ 製作前片包身

1 裁開表側皮料上的3個尖褶的縫份部位。黏貼肉面層部位的
皮墊片，尖褶兩邊確實併攏後黏貼以免露出裁切面，打孔後
以單針縫法縫上十字交叉針目❶（參考p.46尖褶隨身包（拉
鍊式）作法）。圖①、②

人 作品上只有尖褶部位縫上十字交叉針目，不過，和其他部
分一樣，採用雙針縫法也OK。

2 安裝磁釦（凹）。圖②

3 表、裡側皮料（使用後片包身的紙型）的肉面層周圍塗抹
皮革專用膠寬約1.5cm後貼合。配合尖褶構成的立體狀態調整
後貼合包底的裡側皮料，再配合表側皮料修剪掉多餘的皮
料，然後依序完成處理裁切面、於包口部位斬打手縫孔及手

縫作業❷。圖②

❸ 將外口袋固定在後片包身的表側皮料上（圖③）

4 打薄外口袋周圍肉面層裁切面寬5mm，肉面層相對，對齊
裡側貼邊後貼合、處理裁切面、打孔、手縫❸。

5 分別處理外口袋a、b、c部位的裁切面，塗抹膠料寬5mm
後貼在後片包身的表側，然後打孔、手縫❹。

❹ 製作包蓋

6 將磁釦（凸）固定在包蓋的裡側皮料上，再如同前片包
身，將皮墊片貼在磁釦固定片上。圖④

人 裡側皮料特別薄時，必須黏貼補強皮料後才安裝磁釦。

7 包蓋的表、裡側皮料肉面層周圍分別塗抹皮革專用膠後貼
合。注意！磁釦安裝後必須位於表側皮料左右兩側的中心
點，而且必須如圖⑥形成曲線以便闔上包蓋時磁釦自然地扣
合，然後處理裁切面。

8 貼合2片裝飾片皮料後處理裁切面。固定邊不打孔，從表側
皮料正面打孔後手縫❺。圖⑤

9 將裝飾片擺在安裝位置上，邊緣塗抹皮革專用膠後貼牢。
手縫❻包蓋周圍，後片包身安裝線不縫。把裝飾片疊在手縫
❺的部位，手縫2～3針，貫穿至包蓋部位以便固定住。圖
③、⑥

人 固定裝飾片的部位變得非常厚，使用菱斬不易貫穿皮料，
建議利用菱錐分別鑽上孔洞。

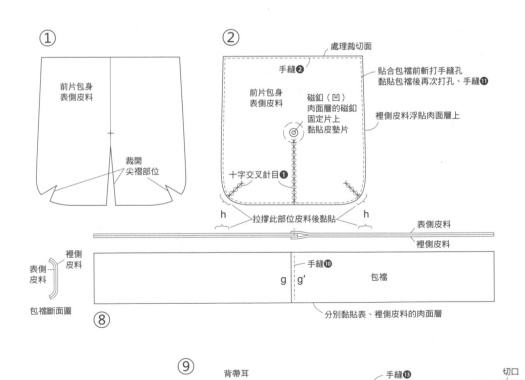

❺ 將包蓋固定在後片包身的表側皮料上

10 包蓋、後片包身表側皮料的安裝線邊緣分別塗抹皮革專用膠寬5mm後貼合、打孔、手縫❼。圖③、⑥

❻ 製作內口袋，固定在後片包身的裡側皮料上（圖⑦）

11 內口袋開口處摺向肉面層側1cm後黏貼、拉裝飾線。

人 以皮革專用膠黏貼後緊密壓黏的話，不縫合也OK。拉裝飾線的另一個作用為提昇黏貼效果。

12 處理d、e、f的裁切面，塗抹皮革專用膠寬5mm，貼在後片包身的裡側皮料上，再依序打孔、手縫❽。

❼ 黏貼後片包身的表、裡側皮料

13 表、裡側皮料的肉面層周圍塗抹皮革專用膠1cm後浮貼，然後於開口側斬打孔洞後手縫❾。

❽ 製作包襠（圖⑧）

14 打薄包襠表側皮料g、g´部位寬7mm後處理裁切面，重疊約1cm後貼合、打孔、手縫❿。

15 包襠的裡側皮料只貼合g、g´部分。

16 包襠的表、裡側皮料肉面層周圍塗抹皮革專用膠1cm，延展包身底部的曲線部位h，形成曲線後貼合皮料（參考圖⑧的斷面圖）。

人 形成曲線後豎起縫份，更方便斬打菱形孔。

❾ 組裝前、後片包身和包襠

人 前、後片包身皮料上事先打好菱形手縫孔。

17 貼合前片包身和包襠皮料後處理裁切面。再次從前片包身側斬打菱形孔後手縫⓫。圖②、⑥

18 以步驟**17**要領貼合後片包身和包襠皮料後，手縫⓬至包襠開口側。圖③、⑥

人 包底曲線部位不方便以菱斬打孔，建議使用菱錐。

❿ 製作肩背帶和背帶耳

19 肉面層相對，緊密貼合2片塔卡牛皮，處理裁切面、打孔、手縫⓭後完成肩背帶。圖⑨

20 背帶耳的肉面層全面塗抹皮革專用膠後包入圓繩，避免圓繩扭擰狀態下貼合i和i´，再處理裁切面、手縫⓮。圖⑩

人 斬打菱形手縫孔時至少預留3mm縫份。

⓫ 將背帶耳固定在本體上（圖③、⑪）

21 以背帶耳兩端夾黏包口側的四個角上的縫合部位，以菱斬和菱錐鑽打孔洞後手縫⓯。

⓬ 肩背帶上斬打孔洞後以原子釦固定住

22 朝肩背帶的原子釦安裝位置（參考紙型）斬打3mm的孔洞後安裝原子釦。

23 斬打原子釦孔（直徑5mm）後劃上切口。將肩背帶穿過背帶耳後以原子釦固定住。圖⑨

人 肩背帶設定為最方便使用的長度，但，多打2、3個孔洞即可完成可調長度的肩背帶。

人 選用相同顏色的原子釦和磁釦以增添高級時尚感。

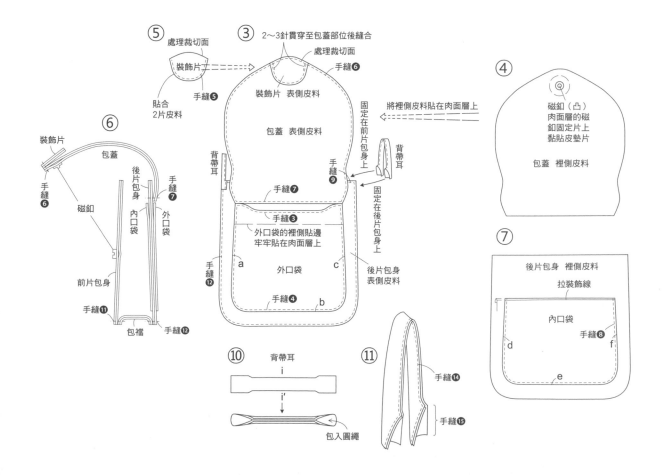

兩用隨身包 ►PAGE 22

★ 成品尺寸　約長23×寬14×厚9cm
★ 材料與用量　打光豬皮（厚1mm）約37DC、豬絨面革（背帶肩部的裡側墊片）適量、直徑18mm的磁釦1組、直徑6mm的原子釦2組、內徑18mm的活動鉤2個

❶ 要點

包襠部位製作成扇形，可利用穿在包口部位的束繩改變包襠容量的設計造型。可依內裝物品調整，兼具實用性與設計感，適合以軟質皮料完成作品的製作手法。使用薄皮料，因此，縫製本體部位的皮料不需打薄。

❷ 製作包蓋的裝飾片

1 肉面層相對，對齊2片裝飾片皮料，邊形成曲線、邊緊密貼合後處理裁切面。貼合兩端a、a′後斬打手縫孔。圖②

❸ 製作活動鉤扣耳

2 以製作裝飾片要領，貼合2片活動鉤扣耳皮料，共製作2組。處理裁切面後貼合兩端b、b′，斬打手縫孔。圖③
人 包蓋皮料上黏貼裝飾片和活動鉤扣耳皮料後才手縫，因此建議先打一次縫孔。

❹ 製作腰帶環

3 肉面層相對地緊密平貼2片腰帶環皮料後處理裁切面。

❺ 製作包蓋

4 包蓋皮料肉面層均勻塗抹處理劑後仔細地處理得更平滑。
人 處理劑含橡膠成分，具備提昇皮革強韌度作用。

5 將包蓋的補強皮料處理成邊緣形狀，貼合後修剪掉多餘的皮料，然後處理裁切面。圖①
人 黏貼兩側的補強皮料時，闔起包蓋的方向必須微微地處理成曲線狀態。圖⑤

6 將磁釦（凸）固定在包蓋裡側貼邊的肉面層上，邊緣塗抹皮革專用膠後貼合包蓋皮料。只有裝飾片的端部黏在包蓋的皮面層上，c部位打孔後手縫❶。圖①、④

❻ 製作外口袋

7 外口袋上緊密黏貼裡側貼邊，處理d的裁切面後打孔、手縫❷。圖⑥　將磁釦（凹）固定在皮面層上，再往肉面層黏貼皮墊片。圖④、⑥

❼ 將外口袋和包蓋固定在本體上，再黏貼裡側皮料

8 將外口袋的e、g′部位貼在本體上，e打孔後手縫❸。
人 構成包底的部位形成曲線後才貼合。圖⑤

9 將包蓋的f部位貼在本體上，同時貼好活動鉤扣耳和腰帶環皮料後打孔、手縫❹。圖④

10 表、裡側皮料的肉面層周圍塗抹皮革專用膠寬約1cm後，以浮貼方式貼合皮料。往本體兩側的g、g′部位斬打手縫孔。圖④

11 利用直徑4.5mm的圓斬，往前、後片包身皮料兩端斬打4個穿繩孔。圖④

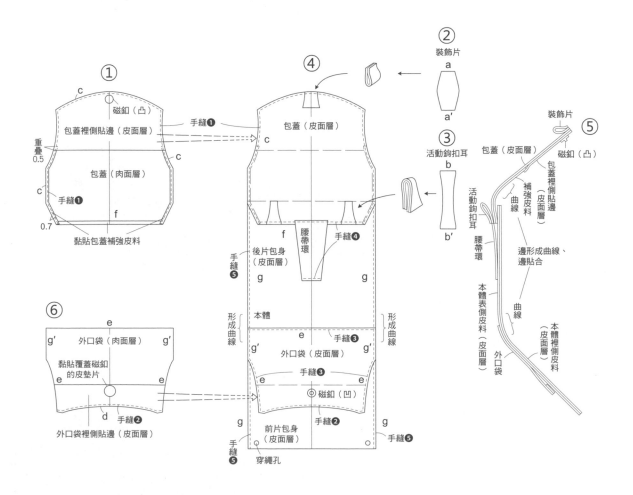

❾ 製作包襠

12 包襠裡側貼邊的h部位肉面層打薄寬5mm。包襠皮料的黏貼份摺向皮面層側。包襠和裡側貼邊的肉面層邊緣塗抹皮革專用膠寬約1cm後貼合、處理裁切面。圖⑦、⑧

13 拿圓斬在包襠皮料上斬打6個穿繩孔。圖⑦

❾ 將包襠固定在本體上

14 將包襠的h、i貼在本體的g上。再次斬打手縫孔後手縫❺。

❾ 製作包口束繩

15 束繩皮料的皮面層朝外，對摺後以皮革專用膠緊密黏貼。圖⑨

❾ 製作肩背帶（圖⑩）

16 肉面層相對、2條肩背帶、肩背帶延長皮料分別緊密貼合後處理裁切面。依據紙型中記載，斬打原子釦安裝孔和釦孔後裝好原子釦。肩背帶和延長皮料打孔後併攏皮料，採用單針縫法，縫上十字交叉針目，以手縫❻方式銜接肩背帶。

🔧 原子釦可大致分成嵌入式和螺絲式，螺絲式易於安裝，建議多加運用。

🔧 豬皮革通常面積較小，無法銜接成長形皮繩等情形相當常見，建議如同這件隨身包作品，多運用點巧思，於中央部位加上具止滑作用的肩部墊片，或以圓環、背帶釦頭等金屬配件延長肩背帶。

17 肩部墊片必須具止滑作用，因此，接觸肩膀側皮料最好選用絨面革（起絨面），與打光豬皮貼合後依序處理裁切面、打孔、手縫❼。

18 將肩部墊片擺在延長皮料下方，等貼合肩背帶和肩部墊片端部後打孔、完成手縫作業❽。

❾ 最後修飾

19 皮繩先穿過包身皮料上的孔洞，再穿過包襠部位的孔洞（最後穿過包身上的孔洞），依個人喜好拉緊後打結。肩背帶兩端套入活動鉤後以原子釦固定住。

肩背包（加蓋式） ►PAGE 26

★ 成品尺寸　約長26×寬35×厚9cm

★ 材料與用量　里約牛肩皮（厚1.6mm）約44.5DC、打光豬皮（厚1mm）約14.5DC、長24cm的拉鍊1條、直徑11mm的原子釦1組

❾ 要點

肩背包大小足可放入A4尺寸的公文夾，儘量少用裡側皮料，充分運用鞣革天然質感，成功打造1片式本體造型，再以不安裝釦件的大型包蓋為重點特徵。為了將里約牛肩皮處理得更柔軟以凸顯皮料的天然素材質感，選用鞣革並處理出皺紋感。採用此處理手法的最大收穫為天然皮革特有的斑點或微小的傷痕等不再那麼地醒目。

❾ 鞣製皮料

裁切皮料前微微地潤濕手掌以避免手部打滑後，從皮料邊緣開始，將皮面層往內摺，皮面層就會陸續出現摺痕，分別從縱、橫、斜角方向完成鞣皮作業。

❾ 肉面層加工

製作不加裡側皮料的作品時，將肉面層處理得更平滑的加工作業。利用布塊或刷具充分地塗抹床面處理劑（黑色或無色）後，先利用滑潤度絕佳的硬質圓棒（擀麵棍等）用力地滾壓，再擦掉多餘的處理劑後陰乾。

❾ 製作拉鍊式外口袋和內口袋（圖①、②）

1 劃開後片包身皮料上的拉鍊安裝位置後黏貼拉鍊。將口袋皮料的a'貼在後片包身皮料的a（拉鍊下側）部位，斬打孔洞後手縫❶。

2 於A處摺起口袋皮料後貼在後片包身b（拉鍊上側）上，接著從後片包身側往b斬打貫穿至口袋皮料的手縫孔。口袋皮料c、c'打孔後手縫❷。

3 於B處摺起內口袋，d、d'打孔後手縫❸。

4 內口袋和口袋皮料貼在相同位置，b部位再次打孔後手縫❹。

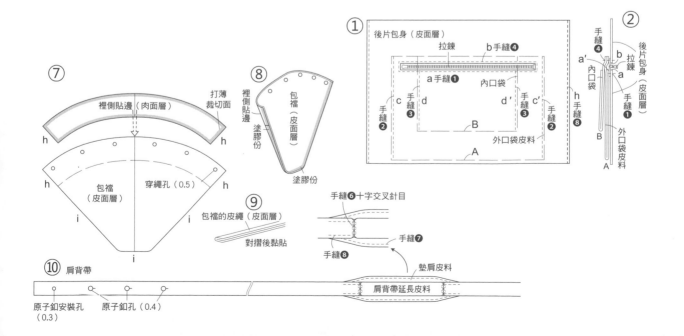

❸ 將包蓋固定在後片包身皮料上（圖③、④）

5 以前述要領處理包蓋的肉面層後處理裁切面、拉裝飾線，然後以寬5mm黏貼份將e貼在後片包身上，再手縫❺。

❹ 製作包襠和肩背帶②（圖⑥、⑦）

6 將裡側皮料緊密黏貼在延續包襠的肩背帶②部分，處理裁切面後往表側皮料上拉裝飾線。

⚲ 包襠開口的j、j′部位為黏貼份，貼合時必須微微地偏向皮面層側。

❺ 銜接包襠和包底皮料（圖⑥、⑦）

7 處理包底周圍的裁切面。底部朝上，貼合f、f′和包襠皮料後依序完成打孔、手縫❻作業。

❻ 安裝前、後片包身和包底（圖③、⑤）

8 底部朝上，g、g′部位和包身貼後依序打孔、手縫❼。

❼ 將包襠固定在前、後片包身皮料上（圖③、⑥）

9 分別貼合包襠和後片包身的h、h′部位的皮料後處理裁切面、打孔、手縫❽。

10 分別貼合包襠和前片包身i、i′部位的皮料後處理裁切面、打孔、手縫❾。

❽ 製作肩背帶①（圖⑧）

11 肉面層相對，緊密貼合2片肩背帶①皮料後處理裁切面、拉裝飾線。

12 兩側分別打上3個直徑8mm的原子釦孔（參考紙型），再劃上長7mm的切口以方便扣上、解開原子釦。

⚲ 依個人喜好決定肩背帶長度、原子釦孔數和間隔。

⚲ 必須依據皮料厚度和硬度改變原子釦孔的大小、切口的長度。建議事先準備和作品相同條件的試做皮料，決定好可勉強扣上原子釦的尺寸後才斬打孔洞。

❾ 銜接肩背帶①和②（圖⑥）

13 肩背帶②皮料上分別斬打2個直徑3mm的原子釦安裝孔，安裝原子釦後，扣入肩背帶①的釦孔，銜接好兩條肩背帶。

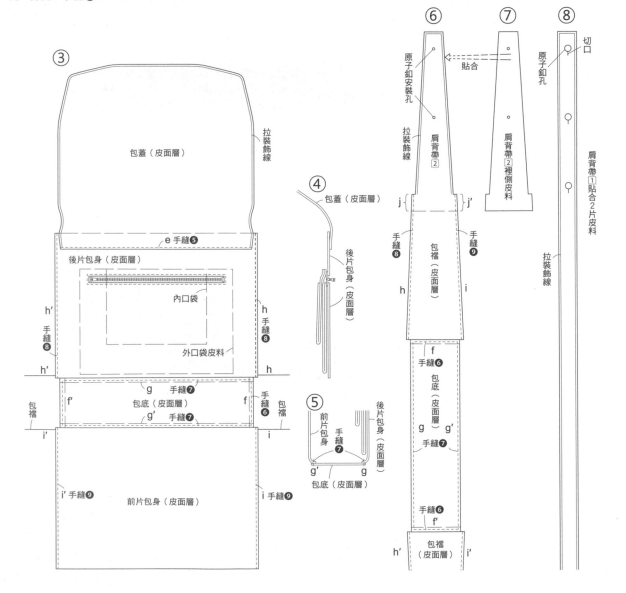

眼鏡盒 ►PAGE 9

★ 成品尺寸　約長16×寬7×厚3cm
★ 材料與用量　表側皮料：里約牛肩皮（厚1.6mm）約4DC、裡側皮料：豬絨面革約4DC、襯料：內襯皮料（厚0.6mm）適量、直徑16mm的磁釦1組

❶ 要點
裡側皮料為具鏡片保護作用的絨面革。表、裡側皮料之間夾黏襯料即可做成硬挺的眼鏡盒，配合表側皮料和顏色，利用著色處理劑處理皮料裁切面，以營造出高級質感。

❷ 製作本體
1　將磁釦（凹）固定在本體的表側皮料上。圖①、⑨
2　c部分形成曲線後，利用皮革專用膠，將襯料緊密黏貼在表側皮料上。圖①、②
3　將磁釦（凸）固定在裡側皮料的起絨面上。圖③、⑨
4　緊密貼合表側皮料的肉面層和裡側皮料的皮面層，處理包蓋部位的裁切面後打孔、手縫❶。圖①、③、⑨
5　處理眼鏡盒口d的裁切面後拉裝飾線。圖⑨

❸ 製作包襠
6　將襯料貼在包襠裡側皮料的肉面層上，再往襯料面捲起3邊後分別以皮革專用膠貼牢。圖⑤、⑥
7　打薄包襠表側皮料的a、b裁切面，先潤濕皮料，再配合本體角e弧度，邊延展皮料、邊形成曲線，然後摺向皮面層側約7mm做為黏貼份。圖⑦、⑧、⑩
8　邊維持曲線狀態，邊黏貼包襠的表、裡側皮料。圖④、⑧、⑩

❹ 組裝和最後修飾
9　避開本體的c，往a、b、e皮料斬打手縫孔。圖①、⑨
10　先貼合本體和包襠部位的皮料，再次由本體側斬打孔洞（避開c部位）。圖⑨、⑪
人 不方便以菱斬打孔部位可利用菱錐或圓錐鑽孔。
11　依序完成a部位手縫❷、b部位手縫❸、處理裁切面作業。c部位不縫。圖⑪
12　塗抹裁切面處理劑後處理裁切面。
人 陰乾處理劑後以砂紙（400號）打磨，再大量塗抹處理劑即可處理得更漂亮。

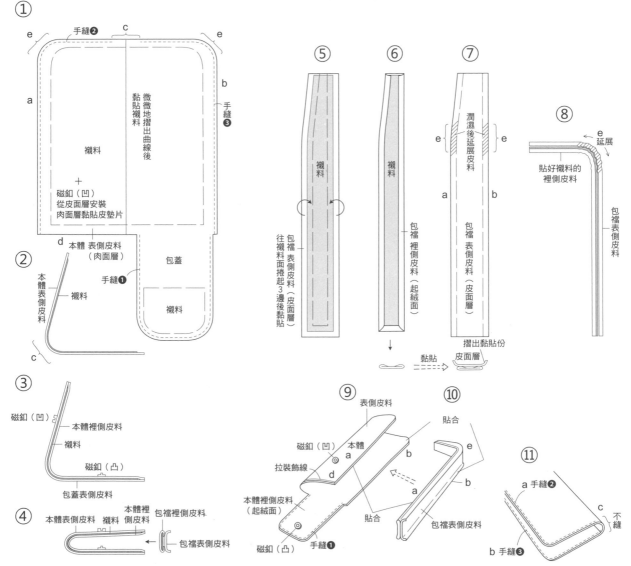

橫長型托特包 ▶PAGE 25

★成品尺寸　約長25×寬34×厚9cm
★材料與用量　里約牛肩皮（厚1.6mm）約34.5DC、打光豬皮（厚1mm）約11DC、長20cm的拉鍊1條

❶ 要點

里約牛肩皮為直輮革皮料，容易沾染汙垢，組裝前塗抹油蠟即可避免。使用厚度達1.6mm以上的皮料時，即便不加裡側皮料也能自行豎起，適合做成比較輕盈的包款。可配合前、後包身和包底外圍尺寸，自由自在地改變包底形狀或四個包角的弧度大小。建議將提把部位處理成最方便自己使用的長度或形狀，好好地享受變換造型樂趣吧！

❷ 前、後片包身黏貼皮墊片後構成桶狀造型

1 打薄包底皮墊片周圍的肉面層後處理裁切面。緊密貼合包底皮墊片和包身下部後手縫❶。圖①
人 固定包底皮墊片後構成雙層結構，有助於補強容易損傷的這個部位。
人 將於稍後步驟中嵌入橢圓形包底，因此建議包底皮墊片微微地往側邊形成曲線後才貼合。圖②
2 打磨側邊皮墊片的上、下邊後處理裁切面。先併攏前、後片，再緊密貼合側邊皮墊片以構成桶狀，接著往4個a部位打孔、手縫❷。圖①、③
人 將厚雜誌鋪墊在橡膠板底下或插入桶狀包身之中更方便斬

打手縫孔。
3 處理桶狀包身的b、c部位裁切面。

❸ 製作提把

4 提把襯裡皮料的f、g部位肉面層儘量打薄。圖④
5 打薄提把的h肉面層。緊密貼合提把襯裡後處理裁切面，依序完成打孔、手縫❸作業。圖④、⑤
6 提把i、i′貼合寬約5mm，然後打孔、手縫❹、處理裁切面。圖①、④、⑤

❹ 將包底固定在包身皮料上

7 包底周圍肉面層打薄寬7mm，再往皮面層側摺好黏貼份，摺出清晰的摺痕。嵌入包身下方部位後貼合，然後手縫❺c部位。圖①、⑥、⑩
人 包身和包底部位分別做好4個▼記號後不偏不倚地貼合。最後黏貼曲線部位，調整貼合包底的皮料，訣竅為採用不壓黏就可重貼，薄薄地塗抹皮革專用膠的處理方式。附帶的紙型中特別加大包底尺寸，因此貼合後會超出包身，完成後修剪掉超出部分即可製作得非常美觀。

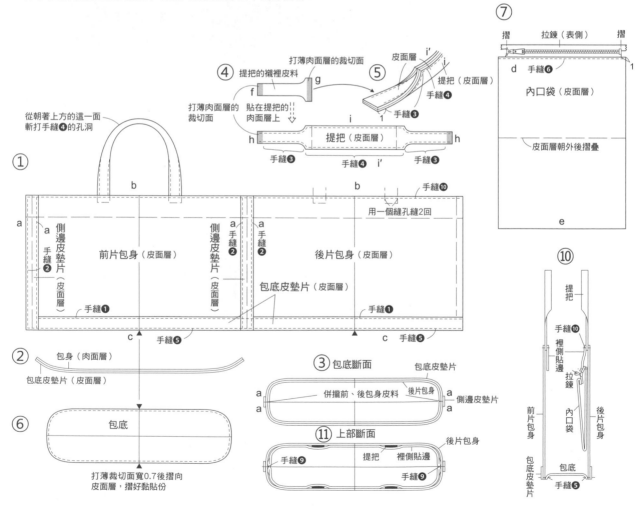

❾ 製作加拉鍊的內口袋

8 將拉鍊布上、下端（共4處）摺向裡側。內口袋邊緣d往肉面層摺寬7mm，貼好拉鍊後打孔、手縫❻（參考p.49尖褶隨身包（拉鍊式）作法）。圖⑦、⑧

9 另一邊拉鍊布貼在後片包身裡側貼邊的肉面層，摺好內口袋後將邊e疊在拉鍊布裡側，再黏貼，手縫❼。兩側都黏貼、打孔、手縫❽。圖⑧、⑨

❿ 將提把和裡側貼邊固定在本體皮料上

10 前、後片包身的裡側貼邊必須確實貼入，確認長度後預留3mm縫份，皮面層相對，對齊皮料後手縫❾兩側。打開縫份後貼牢。圖⑪

11 將提把貼在包身肉面層側的安裝位置（參考紙型）。

12 肉面層相對，對齊包身和裡側貼邊，b部位塗抹皮革專用膠寬5mm後貼合、手縫❿。圖①、⑩

⚒ 提把為受力較重的部位，因此縫提把時必須每1針縫兩回。

⓫ 最後修飾

13 處理裁切面、清除膠料等汙垢後上蠟。

流蘇腰包 ►PAGE 22

★ 成品尺寸　約長18×寬15×厚6cm

★ 材料與用量　表側皮料：塔卡牛皮（厚1.5mm）約14.5DC、裡側皮料：打光豬皮（厚1mm）約12DC、直徑18mm的磁釦1組

❶ 要點

使用塔卡牛皮，陽剛味十足的隨身包，包襠部位安裝活動鉤扣耳，鉤上肩背帶（參考p.68兩用隨身包、p.58數位相機包）就成了小肩包。

❷ 製作流蘇和流蘇扣耳

1 以打光豬皮薄皮料製作流蘇。對摺流蘇繩皮料寬邊後黏貼，兩頭加上流蘇，再利用固定片套在包蓋上，固定後大概位於腰包中央。圖②

⚒ 流蘇作法請參考p.54。

2 包蓋的表側皮料打孔後（和裡側皮料上的磁釦相同位置），將流蘇固定片兩端一起穿過孔洞，打開兩端，塗抹皮革專用膠後貼在包蓋的肉面層上，接著黏貼皮墊片以便牢牢地固定住。圖②、③

⚒ 必須斬打2×5mm的大型孔洞，建議以直徑2mm的圓斬打上∞型孔洞。

3 將磁釦（凸）固定在包蓋裡側皮料的皮面層上，肉面層側黏貼皮墊片。圖④

❸ 製作腰帶環（圖④）

4 緊密黏貼2片塔卡牛皮，製作一條堅固耐用的腰帶環。

❹ 製作包蓋和後片包身（圖①、④）

5 浮貼包蓋部位的表、裡側皮料後處理裁切面，a部位打孔後手縫❶。

6 將包蓋皮料貼在後片包身的表側皮料上，再上下顛倒把腰帶環皮料疊上去，對齊b和c部位後黏貼。b、c部位打孔後完成第一回手縫❷作業。

⚒ 腰帶環固定方法請參考p.58數位相機包。

7 取下腰帶環，d部位打孔後以手縫❸方式固定在後片包身上。

8 浮貼後片包身的表、裡側皮料，處理開口e的裁切面後手縫❹。安裝包襠前就打好i（側邊、包底）部位的手縫孔。

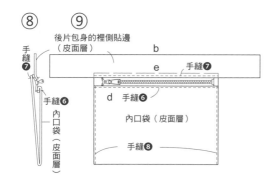

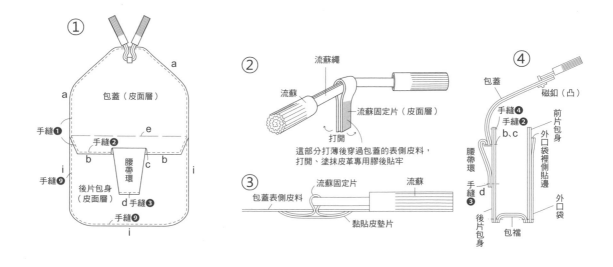

❸ 將外口袋固定在前片包身皮料上（圖④、⑤）

9 將裡側貼邊皮料緊密黏貼在外口袋開口的肉面層上，處理 f 部位的裁切面後打孔，手縫❺。

10 將磁釦（凹）固定在外口袋的皮面層上，肉面層黏貼皮墊片以便牢牢固定住。

11 肉面層相對，浮貼前片包身的表、裡側皮料，處理裁切面 g 後打孔，手縫❻。

12 將外口袋的 h（側邊、包底）部位貼在前片包身上，然後打好 h 部位的手縫孔。

❸ 製作包襠（圖⑥）

人 安裝包襠前，實際地在前片包襠（或後片包襠）貼合狀態下擺好包襠皮料以確定長度，太長時則修剪掉。

13 活動鉤扣耳的肉面層兩端塗抹皮革專用膠，對摺後貼合、處理裁切面。

14 將活動鉤扣耳皮料貼在包襠表側皮料上的扣耳安裝位置後打孔、手縫❼。

15 表側皮料面朝內，處理好表、裡側黏貼份後貼合周圍。處理包襠的 j（構成包口的部分）部位裁切面後打孔，手縫❽。

人 處理 k 部分，延展皮料邊緣後貼合表、裡側皮料。請參考 p.71 眼鏡盒的圖⑦、⑩、p.66 小肩包（加蓋式）的圖⑧。

❸ 組裝前、後片包身

16 貼合前片包身的 h 和包襠的 h、後片包身的 i 和包襠的 i，再次由包身側打孔，貫穿至包襠部位後處理裁切面、手縫❾。圖①、⑤

縱長型托特包　►PAGE 24

★ **成品尺寸**　約長28×寬32×厚11cm

★ **材料與用量**　表側皮料：塔卡牛皮（厚1.5mm）約34DC、裡側皮料：打光豬皮（厚1mm）約33DC

❸ 要點

托特包造型都非常簡單，最適合初學者嘗試製作。改變提把的位置、寬度或長度後做成肩背包，或變換包襠寬度等多花點巧思，即可打造一款最適合自己、使用起來更方便的皮包。使用塔卡牛皮，單層皮料就能做出堅固耐用度，加上內裡皮料即可製作得更精美高雅。此外，表、裡側皮料都使用打光豬皮，完成的包包更輕盈柔軟，好好地享受一下休閒包款製作樂趣吧！

❸ 縫合前、後片包身表側皮料的剪接部位（圖①、②）

1 打薄前片包身上部 a 和下部 a′ 的肉面層後處理裁切面。疊好前片包身上、下部皮料後打孔、手縫❶。

人 以相同要領處理後片包身。

❸ 安裝提把（圖①、②）

2 緊密貼合2片皮料，完成2條提把後處理裁切面，完成打孔、手縫❷作業。

3 將提把皮料貼在前、後片包身上的提把安裝位置後打孔、手縫❸。

人 提把為受力較重的部位，因此第2、3孔必須縫2回。將縫合起點和終點的縫線穿向裡側，再繞縫縫好的針目2、3回後，點上白膠，緊緊地固定住。

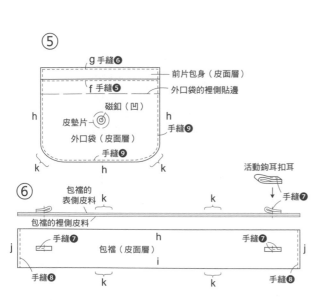

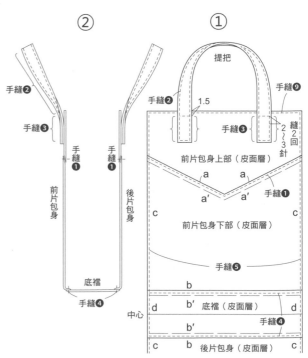

❷ 將底襠皮料固定在包身的表側皮革上

4 打薄前片包身上部的b和底襠的b′部位肉面層後處理裁切面。底襠在上，疊貼皮料後依序完成打孔、手縫❹作業。圖①、②

❖ 以相同要領處理後片包身。

5 包身和底襠兩側的c、d（前片包身～底襠～後片包身）部位事先打好手縫孔。圖①、④

❸ 將側襠表側皮料固定在包身表側皮料上

6 打薄側襠的c、d部位裁切面，再將c、d摺向皮面層側寬約7mm以作為黏貼份。圖③、④

7 對齊側襠的d和底襠的d部位中心，貼合側襠和2片包身的c、2片包身的d後，再次打孔、處理裁切面、手縫❺，不便使用菱斬部位以菱錐鑽孔。圖①、③

❖ 處理側襠的c和d角，縫份部位的皮料儘量調整後貼合，裁掉超出包身部位的皮料。打磨皮料後處理裁切面。

❹ 縫製裡側皮料

8 內口袋開口往肉面層摺約1cm，貼合後拉裝飾線。貼在後片包身裡側皮料的安裝位置後打孔、手縫❻。圖⑤、⑥

9 打薄前、後片包身的側邊及包底肉面層寬7mm，皮面層相對，對齊包底皮料，預留7mm縫份後打孔、手縫❼，打開縫份部位後貼在肉面層上。圖⑤、⑥

10 開口除外，打薄側襠裁切面寬7mm，皮面層相對，貼合前、後片包身和側襠，預留5mm縫份後打孔、手縫❽。圖⑤、⑦、⑧

11 打開四角的車縫處，反摺縫份後貼在肉面層側1～1.5cm。圖⑧

❺ 對齊表、裡側皮料

12 將表、裡側皮料排成完成後狀態，只貼合開口處寬1cm，然後打孔、手縫❾。圖①

❖ 側襠皮料朝著內側形成曲線後貼合。圖⑧

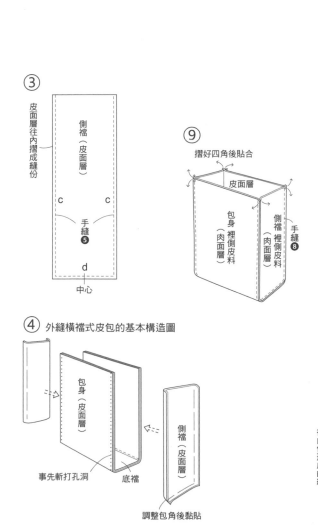

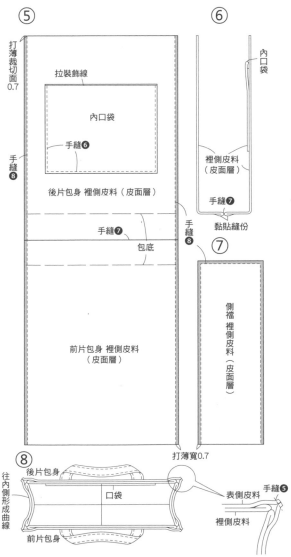

商務包 ►PAGE 27

★ 成品尺寸　約長38×寬30×厚13cm

★ 材料與用量　表側皮料：里約牛肩皮（厚1.6mm）約60 DC、裡側皮料：打光豬皮（厚1mm）約40DC、襯料：Vilene布用兩面接著棉（寬15mm×厚0.6mm）、內襯皮料（厚0.9mm）各適量、直徑9mm的裝飾用固定釦9組、內徑21mm的方形環4個、直徑18mm的磁釦2組、長20cm的拉鍊1條

❶ 要點

空間足夠裝入A4尺寸的筆記型電腦或公文夾的商務包。兩側安裝襠片（前、後包身，亦可作為外口袋）或內口袋，其中一邊的側襠安裝外口袋，使用便利性絕佳的設計造型。乍看相當複雜，製作難度似乎很高，事實上，依序組裝本體、提把、包襠等部位，製作起來並不困難。共使用磁釦、方環或固定釦三種釦件，建議統一採用電鍍色配件。

❷ 製作前、後片包身後安裝包底（圖①）

1 處理前、後片包身的口袋，袋口的a、b部位肉面層分別緊密黏貼裡側貼邊後，處理裁切面、打孔、手縫。圖①、②

2 處理包底的c、c′部位裁切面後，先疊貼在前、後片包身的包底側皮面層上1cm，再打孔、手縫❸。

3 肉面層黏貼皮墊片後裝好裝飾用固定釦（包底釦），肉面層的固定釦安裝部位黏貼聚乙烯布膠帶（黏貼包裝用膠帶亦可）。

❸ 製作提把固定片（圖③）

4 提把固定片A的表、裡側皮料形成曲線後黏貼，然後處理裁切面，套上方形環。

5 以相同要領貼處理提把固定片B的表、裡側皮料，d部位打薄約1cm，套上方形環後貼合皮料。

❹ 製作提把

6 利用皮革專用膠，將提把補強材料Vilene布用兩面接著棉貼在肉面層上，再將提把兩端貼在提把固定片B的d部位。圖③、④

7 貼合提把皮料後處理裁切面、打孔、手縫❹。圖①

8 將提把固定片A夾在前、後片包身的袋口部位，再打孔、手縫❺。然後裝上固定釦。圖①

❺ 分別處理好包蓋和包身的裡側皮料後組合

9 邊形成曲線，邊黏貼表、裡側皮料，摺好形狀後斬打手縫孔，完成包蓋部位的裝飾片。只貼在包蓋A皮料上。圖①、②

10 將磁釦（凹）固定在包蓋B的肉面層上。圖①

人 肉面層側的磁釦固定片上黏貼皮墊片以緩和配件引起的凹凸現象。

11 利用皮革專用膠將內襯皮料貼在A、B的肉面層上，將包蓋處理得更硬挺。圖⑤、⑥

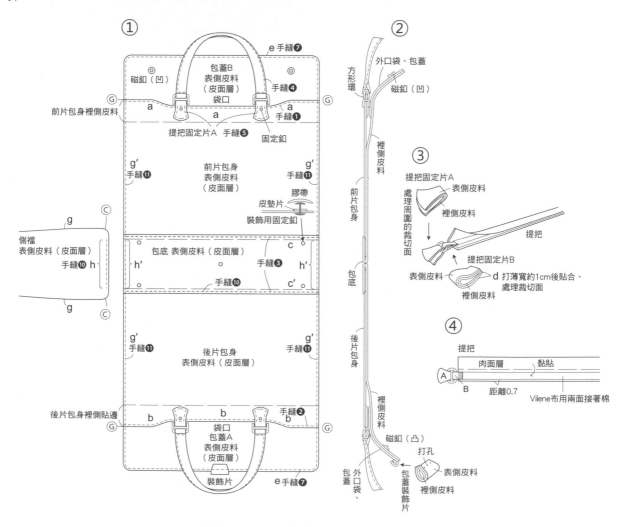

12 將磁釦（凸）固定在後片包身裡側皮料的肉面層側。圖⑦

人 打光豬皮非常薄，肉面層的磁釦安裝位置必須黏貼皮墊片。

人 安裝磁釦後務必扣合凹、凸釦，確認有沒有裝歪掉。

13 前、後片包身的裡側皮料上分別安裝內口袋。圖⑦

14 皮面層相對，對齊包底裡側皮料，預留1cm縫份後打孔、手縫❻。打開縫份，分別貼在肉面層上。圖⑦

● 製作襠片

15 肉面層相對，邊形成曲線，邊浮貼包蓋A、B和包身的裡側皮料，再處理e部位裁切面，然後打孔、手縫❼。圖①、⑤〜⑧

人 裡側皮料的肉面層也是襠片（外口袋）的其中一邊，小心黏貼，免得皮革專用膠溢出！

16 貼合前、後片包身表側皮料和已經裝好包蓋的裡側皮料外圍的邊緣後沿著周圍打好縫孔。圖⑧

● 製作側襠（圖⑨）

17 側襠袋口部位的肉面層側緊密黏貼裡側貼邊皮料後，處理裁切面、拉裝飾線。

18 側襠口袋上的2個尖褶部位打好縫孔後，採用單針縫法，以手縫❽方式縫上十字交叉針目。包襠部位黏貼口袋後打孔、手縫❾。

19 浮貼側襠的表、裡側皮料後，完成包口f部位的拉裝飾線作業。

人 側襠周圍的g、h即是「側襠和包身、包底」皮料的貼合部位，預留黏貼份寬約1cm，再偏向皮面層側（參考縱長型托特包p.75圖④）。

● 將側襠固定在包身、包底皮料上

20 貼合側襠底部的h和本體底部的h′部位後打孔、處理裁切面、手縫❿。圖①、⑨

21 以⑥為基準，貼合側襠的g和本體的g′部位後打孔、處理裁切面、手縫⓫。圖①、⑨

人 調整包襠皮料後貼合包底ⓒ的4個部分，包襠皮料超出範圍時則裁掉。打磨皮料後處理裁切面。圖①、⑧

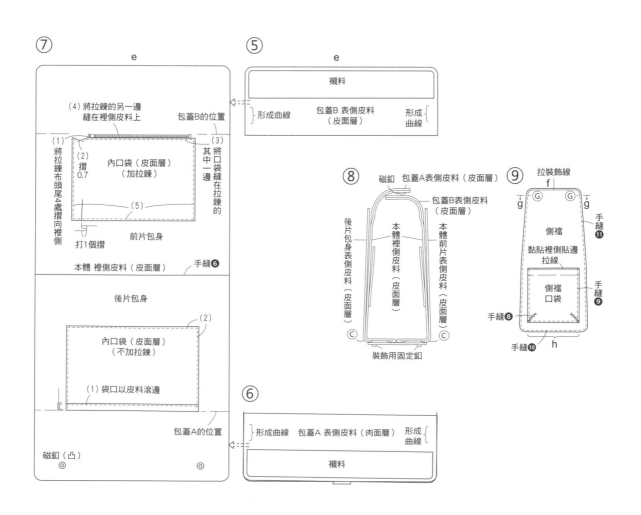

摩洛哥風室內拖鞋 ►PAGE 23

★ 成品尺寸　小24cm、大26cm

★ 材料與用量　打光豬皮（厚1mm）（小）薄荷綠 約
　30.5DC、（大）黑色約36.5DC。軟羊皮（厚0.8～0.9mm）
　象牙色（小）約5DC、（大）約6DC、襯料：內襯皮料適
　量、寬3mm的雙面膠帶適量、橡膠糊

🧍 只有摩洛哥風室內拖鞋局部使用橡膠糊。橡膠糊缺點為接
著力低於皮革專用膠，優點為貼不好可重貼等便利性。

🧍 製作內鞋底時以打光豬皮取代軟羊皮也OK。

❶ 要點

鞋面表側皮料和外鞋底皮料、鞋面裡側皮料和內鞋底皮料的
回縫部位最好採用車縫方式，因為車縫針較細，縫孔較小。
使用打光豬皮等柔軟的皮料時，家用縫紉機即可車縫，車縫
時的注意事項彙整如下，敬請參考。

縫製皮件作品過程中必定會用到接著劑或雙面膠帶，接著劑
應儘量塗薄一點，並充分乾燥後才車縫。黏貼膠帶時避免車
到膠帶。

採用手縫方式時建議選用針孔較小的縫針以避免手縫針目太
醒目。利用錐子或鑿子，間隔約2.5mm鑿孔，皮料又薄又軟，
別太用力拉扯縫線，即可避免手縫部位太醒目。以下做法相
關解說中只要是可車縫部位都採車縫方式。

Ⓐ、Ⓑ、Ⓒ、Ⓓ等貼合基準位置分別以長約1mm的切口為記
號，縫製過程中不頓地確認記號。

○ 以家用縫紉機車縫皮料時的注意事項，

・使用皮革專用縫針（14號）和縫線（聚酯30號）。

・將針目長度調整為2mm左右（略長於車縫布料）。

・將上、下線的鬆緊度調緊一點。

・即將車縫的部位必須貼牢。

・車縫線等噴上矽膠材質的噴劑即可解決接著劑或雙面膠帶
引起的跳線、纏線等問題。

🧍 皮革專用車縫針、矽膠材質的噴劑等用品，可向裁縫、皮
革材料店或居家用品店洽購。

❷ 回縫鞋面表側皮料和外鞋底皮料

1 以Ⓐ、Ⓑ為基準，皮面層相對，利用雙面膠帶或皮革專用
膠，貼合鞋面的表側皮料和鞋底的a部位。鞋面周圍的a部位
預留5mm縫份後車縫❶。圖①、②

2 縫份部位劃上細細的切口即可將鞋頭的曲線部位處理得更
漂亮。圖②

3 翻回表側，將鞋底襯料貼在外鞋底皮料上。使用橡膠糊以
便正確地黏貼。外鞋底皮料和襯料分別薄薄地塗抹膠料，於
半乾狀態下貼合、壓黏。此時，鞋底襯料的後腳跟側需比底
部皮料短（捲入部分）約7mm，儘量插入腳尖側。圖③

🧍 未預留7mm捲入份的話，可適度修剪鞋底襯料的腳尖側。
此外，請於鞋面的裡側皮料插入表側皮料，緊密黏合皮料後
才處理鞋後腳跟捲入部分。

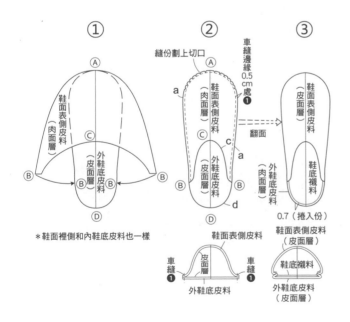

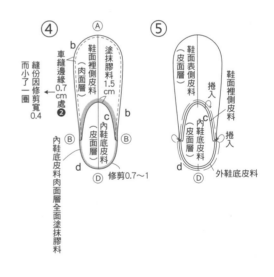

❹ 縫合鞋面裡側皮料和內鞋底皮料

4 皮面層相對，貼合鞋面裡側皮料和內鞋底皮料，預留7mm縫份，車縫鞋面周圍的b部位。圖①、④

5 將b部位縫份大約修剪成寬4mm，好讓腳尖部位的皮料更輕易地插入鞋面表側皮料。然後將鞋後腳跟的d部位修剪掉7～10mm。圖④

❺ 結合表、裡側皮料

6 將修剪得小上一輪的鞋面裡側皮料插入鞋面表側皮料後貼合。貼合部位為鞋面裡側皮料的鞋口側c部位（寬約1.5cm）以及整個內鞋底皮料（肉面層）。圖④～⑥

人 鞋面裡側皮料的鞋口c部位將於稍後步驟中捲入鞋面表側皮料，因此，貼合後會超出鞋面表側皮料約7～8mm。圖⑥

7 以鞋面裡側皮料的c部位捲入鞋面表側皮料的c部位邊緣後黏合。圖⑦

人 貼合鞋後腳跟部位的皮料後，最終階段才完成c部位的打孔、手縫作業。

8 利用外鞋底皮料的d部位捲入內鞋底皮料的d部位後黏合。圖⑤、⑫

❻ 處理鞋後腳跟部位的皮料

9 鞋後腳跟部位的襯料α下方重疊β後貼合。圖⑧

10 貼合鞋後腳跟的襯料β和皮料肉面層，再利用寬約7mm的鞋後腳跟的皮料包覆襯料β周圍後黏合。圖⑨、⑪、⑫

❼ 最後修飾

11 將鞋後腳跟襯料α貼在內鞋底的後腳跟部位，再將鞋後腳跟皮料兩側的三角形部分貼在鞋面裡側皮料上。圖⑪～⑬

12 鞋口的c部位打好孔洞後手縫。圖⑬

13 鞋後腳跟周圍的d部位打孔，貫穿至鞋底皮料後手縫❹。圖⑬

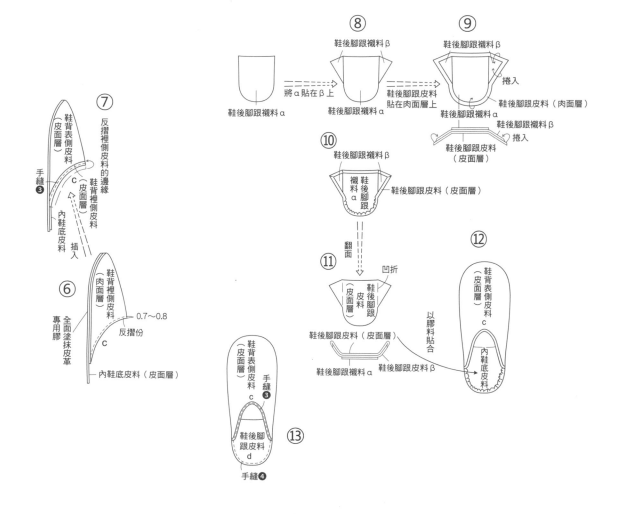

PROFILE

鈴木英明 Hideaki Suzuki

1948年生於東京。就讀大學期間就深深著迷於皮革製作，1975年拜皮革工藝大師－中濱晃司為師，歷經7年的學習，於1983年自立門戶，設立「鈴木皮革工房(革の工房すずき)」。
一邊接受工藝作品或皮包等訂做委託；一邊開辦教室。並且舉辦個展、發表作品。
目前兼任文化服裝學院、東京設計專門學校、東京設計師學院等學校講師，亦著手皮包等商品企劃。

TITLE

隨心所欲 手縫皮革雜貨

STAFF

出版	瑞昇文化事業股份有限公司
作者	鈴木英明
譯者	林麗秀
總編輯	郭湘齡
責任編輯	黃雅琳
文字編輯	王瓊苹　林修敏
美術編輯	李宜靜
排版	二次方數位設計
製版	明宏彩色照相製版股份有限公司
印刷	皇甫彩藝印刷股份有限公司
法律顧問	經兆國際法律事務所　黃沛聲律師
戶名	瑞昇文化事業股份有限公司
劃撥帳號	19598343
地址	新北市中和區景平路464巷2弄1-4號
電話	(02)2945-3191
傳真	(02)2945-3190
網址	www.rising-books.com.tw
Mail	resing@ms34.hinet.net
本版日期	2015年11月
定價	320元

ORIGINAL JAPANESE EDITION STAFF

発行人	大沼 淳
ブックデザイン	縄田智子(L'espace)
撮影	小泉佳春
デジタルトレース	増井美紀
校閲	田村容子(文化出版局)
編集	志村八重子
	島田雅子
	宮崎由紀子(文化出版局)

國家圖書館出版品預行編目資料

隨心所欲手縫皮革雜貨／鈴木英明作；林麗秀
譯. -- 初版. -- 新北市：瑞昇文化，2012.10
80面；19x25.7 公分

ISBN 978-986-5957-24-7 (平裝)

1. 皮革　2. 手工藝

426.65　　　　　　　101018568